A+ 토목기사·산업기사를 위한

수리·수문학

문제해설

김 민 환

지 오 북 스

머리말

Only the educated are free.

-Epictetus

A^+(에이 플러스) 수리·수문학은 최근 10여 년 동안에 토목기사에서 출제된 문제를 단원별로 분류하여 수록하였으며 문제에 대해 친절한 풀이와 별도의 해설을 기술하여 단기간에 토목기사를 효율적으로 준비하고 스스로 학습을 할 수 있도록 구성하였습니다.

수리학 부분은 1장 물의 성질, 2장 정수역학, 3장 동수역학, 4장 관수로 흐름, 5장 개수로 흐름, 6장 유체 흐름의 측정, 7장 차원해석과 수리모형으로 구성되었으며 지하수 흐름을 8장에 별도로 구성하였습니다. 9장은 수문학 부분으로 수문학과 기상학의 기초, 강수, 증발과 증산, 침투, 유출 등으로 순서로 정리하였습니다.

문제의 해결 능력을 높이기 위해 별도의 수리학이나 수문학 교재를 참고하지 않고 이해하기 쉽도록 기본원리를 함께 제공하고 있습니다. 어떤 문제든지 기본원리는 중요하기에 문제 해결을 위해 필요한 기본원리를 습득하고 비슷한 유형의 문제를 반복적으로 학습하도록 구성하였습니다.

또한 유형이 비슷한 문제를 반복하여 풀면서 오랜 시간 동안 문제의 유형을 기억하여 실전에서 문제를 확실하게 해결할 수 있도록 안내하여 가능한 단시간에 기본원리를 습득하면서 토목기사에서 만족할 만한 성적을 얻을 수 있을 것이며 단순히 토목기사 수험용의 책이 아님을 알 수 있을 것입니다. 이 책이 여러분의 목표를 달성하는 데 길잡이가 될 것을 기대하며 계속 보완하여 충분한 길잡이 역할을 하도록 노력하겠습니다.

2021.03.02
편저자 씀

목차

CHAPTER 01

물의 성질

01 다음 중 밀도를 나타내는 차원은?

① $[FL^{-4}T^{2}]$　② $[FL^{4}T^{-2}]$　③ $[FL^{-2}T^{-4}]$　④ $[FL^{-2}T^{-4}]$

풀이 밀도

$\rho = \frac{질량}{부피} = \frac{M}{Vol}$ [ML^{-3}]

뉴톤의 제2법칙 $F = ma$의 차원은,

$[F] = [MLT^{-2}]$ 이다. 여기서 가속도 a는 m/s^{2}이므로 차원은 $[LT^{-2}]$이다.

뉴톤의 2법칙에서 질량 M에 관해서 차원을 정리하면, $[M] = [FL\text{-}1T^{2}]$이므로 이를 대입하면, 밀도 ρ차원은 $[FL^{-1}T^{2}L^{-3}] = [FL^{-4}T^{2}]$이다.

정답 ①

02 다음 중 점성계수(μ)의 차원으로 옳은 것은?

① $[ML^{-1}T^{-1}]$　② $[L^{2}T^{-1}]$　③ $[LMT^{-2}]$　④ $[L^{-3}M]$

풀이 점성계수의 단위를 알아보자. 뉴톤의 마찰법칙 $\tau = \mu\frac{dv}{dy}$이다. 이 식에서 $\mu = \frac{\tau}{dv/dy}$로 쓸 수 있다. 여기서 τ는 전단응력으로 단위면적당 힘이다. 즉, $[F/L^{2}]$이다. dv는 유속$[L/T]$이고, $dy[L]$는 거리이다. 이를 대입하면, $\mu = \frac{F/L^{2}}{[L/T]/[L]} = [FL^{-2}T]$이다. 이를 $[MLT]$계로 변환하면, $\mu = [FL^{-2}T]$ $= [MLT^{-2}L^{-2}T] = [ML^{-1}T^{-1}]$

정답 ①

03 뉴톤의 점성법칙(粘性法則)에서 점성계수 μ의 차원(次元)으로 옳은 것은?

① $[FL^{-1}T^{-1}]$ ② $[FL^{-1}T]$ ③ $[FL^{-2}T]$ ④ $[FL^{-1}T^2]$

정답 ③

단위

단위계는 절대단위계와 공학단위계로 분류되며, 절대단위계에는 SI, MKS, CGS 단위가 있다. 우리나라에서는 국제단위계(SI)의 사용을 원칙으로 하고 있으나 아직도 공학단위계가 사용되고 있다. SI 단위계에서 힘은 기본차원이 아니다. 힘은 뉴턴의 제 2운동법칙에 차원적 동질성의 원리를 적용함으로써 기본적 차원들의 조합으로 표시될 수 있다. 즉, $F=ma$이다. F =물체에 가해진 힘, m =물체의 질량, a =물체의 가속도이다.

차원 동질성의 원리에 따르면, $F=ma$, 차원은 $[F]=[MLT^{-2}]$이다. 이를 이용하면 $[MLT]$계에서 $[FLT]$계로, 반대로도 단위변환이 가능하다.

SI단위계에서 힘의 단위를 뉴턴(N)으로 사용한다. N은 1 kg의 질량을 1 m/s^2의 율로 가속시키는 데 필요한 힘이다(1 N=1 kg m/s^2).

1 kg_f는 질량 1 kg을 9.8 m/s^2의 율로 가속시켰을 때 얻을 수 있는 힘을 말한다. 즉, 1 kg_f=1 kg(9.8 m/s^2)=9.8 N(Newton)이다.

04 동점성계수 차원으로 옳은 것은?

① $[FL^{-2}T]$ ② $[L^2T^{-1}]$ ③ $[FL^{-4}T^2]$ ④ $[FL^2]$

정답 ②

05 물리량의 차원이 옳지 않은 것은?

① 에너지 : $[ML^{-2}T^{-2}]$
② 동점성계수 : $[L^2T^{-1}]$
③ 점성계수 : $[ML^{-1}T^{-1}]$
④ 밀도 : $[FL^{-4}T^2]$

풀이 에너지는 일(work)과 같다. 에너지는 (힘×거리)이다. 힘 F의 차원은 $[MLT^{-2}]$이므로 에너지는 $[MLT^{-2}][L]=[ML^2T^{-2}]$이다.

정답 ①

06 다음 물리량의 중에서 차원이 잘못 표시된 것은?

① 동점성계수 : $[FL^2T]$
② 밀도 : $[FL^{-4}T^2]$
③ 전단응력 : $[FL^{-2}]$
④ 표면장력 : $[FL^{-1}]$

정답 ①

07 물리량의 차원을 표시한 것으로 옳지 않은 것은?

① 각 가속도 : $[T^{-2}]$　　② 힘 : $[MLT^{-2}]$

③ 점성계수 : $[ML^{-1}T^{-1}]$　　④ 탄성계수 : $[MLT^{-2}]$

풀이 각가속도 $\alpha=\dfrac{d\omega}{dt}[\dfrac{rad/s}{s}]=[rad/s^{-2}]$ 여기서 ω는 각속도, $\alpha=\dfrac{d\omega}{dt}=\dfrac{a_T}{r}[LT^{-2}/L]=[T^{-2}]$, a_T는 접선방향의 가속도, r는 곡률반경임. 탄성계수 $E=\dfrac{\Delta P}{\Delta V/V}$이므로, $[FL^{-2}]=[ML^{-1}T^{-2}]$이다.

정답 ④

08 부피 4.6 m³인 유체의 중량이 51.548 kN 일 때 이 유체의 비중은?

① 1.14　　② 5.26　　③ 11.40　　④ 1143.48

풀이 이 유체의 단위중량,

$$\gamma=\frac{W}{Vol}=\frac{51.548}{4.6}=11.21\ \text{kN/m}^3$$

비중은 $S=\dfrac{\gamma}{\gamma_w}=\dfrac{11.21\ \text{kN/m}^3}{9.8\ \text{kN/m}^3}=1.14$

여기서 γ_w는 물 4℃일 때 단위중량이다.

정답 ①

물의 밀도, 단위중량, 비중]

어떤 물체의 무게를 W라고 하면 $W=mg$이다. 이 체적을 Vol라고 하면 밀도 $\rho=\dfrac{m}{Vol}$이다. ρg를 단위중량 또는 比重量(specific weight)이라고 하고 γ(SI 단위 : N/m^3)를 사용한다($\gamma=\rho g$). 1기압 하에서 물의 단위중량 γ는,

$$\begin{aligned}\gamma &= 1\ \text{ton/m}^3 = 1{,}000\ \text{kg}_f/\text{m}^3\\ &= 9{,}800\ \text{N/m}^3 = 9.8\ \text{kN/m}^3\end{aligned}$$

γ의 차원은 $[ML^{-2}T^{-2}]$ 또는 $[FL^{-3}]$이다.

어떤 물체의 비중(specific gravity) S는 4℃에서의 물의 체적과 이 체적에 해당하는 물체에 대한 무게 비를 의미한다. 비중은 물과 어떤 물체의 밀도 또는 단위중량의 비로 표현된다.

$$S=\frac{W}{W_w}=\frac{\rho}{\rho_w}=\frac{\gamma}{\gamma_w}$$

09 부피 5 m^3인 해수의 무게(W)와 밀도(ρ)를 구한 값으로 옳은 것은? 단, 해수의 단위중량은 1.025 t/m^3이다.

① 5 ton, $\rho = 0.1046\ kg \cdot sec^2/m^4$
② 5 ton, $\rho = 104.6\ kg \cdot sec^2/m^4$
③ 5.125 ton, $\rho = 104.6\ kg \cdot sec^2/m^4$
④ 5.125 ton, $\rho = 0.1046\ kg \cdot sec^2/m^4$

풀이 $\gamma = \rho g,\ W = Mg,\ \rho = \dfrac{M}{Vol}$에서

$$\gamma = \rho g = \frac{M}{Vol}g = \frac{W}{Vol},\ 1.025 = \frac{W}{5},$$

$$W = 5.125\,t,\ \rho = \frac{M}{Vol} = \frac{W}{Vol \cdot g}$$

$$= \frac{5125kg}{5m^3 \cdot 9.8m/s^2} = 104.6kg \cdot s^2/m^4$$

정답 ③

10 부피 50 m^3인 해수의 무게(W)와 밀도(ρ)를 구한 값으로 옳은 것은? (단, 해수의 단위중량은 1.025 t/m^3)

① $W = 5\ t,\ \rho = 0.1046\ kg \cdot sec^2/m^4$
② $W = 5\ t,\ \rho = 104.6\ kg \cdot sec^2/m^4$
③ $W = 5.125\ t,\ \rho = 104.6\ kg \cdot sec^2/m^4$
④ $W = 51.25\ t,\ \rho = 104.6\ kg \cdot sec^2/m^4$

정답 ④

11 액체가 흐르고 있을 경우, 어느 한 단면에 있어서 유속이 빠른 부분은 느린 부분의 입자를 앞으로 끌어 당기려 하고 유속이 느린 부분은 빠른 부분의 물 입자를 뒤로 잡아당기는 듯한 작용을 한다. 이러한 유체의 성질을 무엇이라 하는가?

① 점성 ② 탄성 ③ 압축성 ④ 유동성

정답 ①

12 물의 점성계수를 μ, 동점성계수를 ν, 밀도를 ρ라 할 때 관계식으로 옳은 것은?

① $\nu = \rho\mu$ ② $\nu = \dfrac{\rho}{\mu}$ ③ $\nu = \dfrac{\mu}{\rho}$ ④ $\nu = \dfrac{1}{\rho\mu}$

정답 ③

13 두 개의 수평한 판이 5 mm 간격으로 놓여 있고, 점성계수 0.01 N·s/cm²인 유체로 채워져 있다. 하나의 판을 고정시키고 다른 하나의 판을 2 m/s로 움직일 때 유체 내에서 발생되는 전단응력은?

① 1 N/cm²　② 2 N/cm²　③ 3 N/cm²　④ 4 N/cm²

풀이 $\tau = \mu \frac{du}{dy} = 0.01 \frac{200}{0.5} = 4N/cm^2$

정답 ④

점성

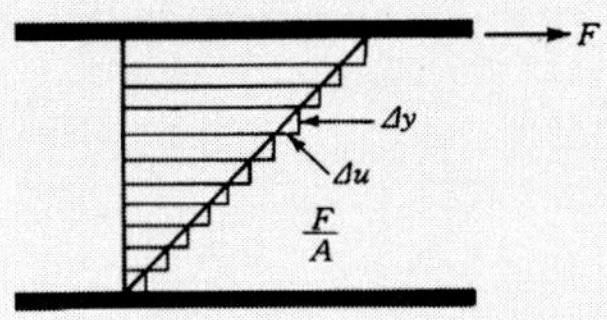

$$\frac{F}{A} = \tau \propto \frac{du}{dy}$$

전단응력 τ는 평판 사이의 유체 점성에 따라 변한다. 이 때 점성계수 μ(mu)를 사용하여 나타내면, $\tau = \mu \frac{du}{dy}$이다. μ가 일정한 경우를 뉴턴유체라고 부른다.

점성계수 μ를 밀도 ρ로 나눈 것을 ν(nu) $\nu = \frac{\mu}{\rho}$라고 하며 이를 동점성계수(kinematic viscosity)라고 한다. μ의 차원은 $[ML^{-1}T^{-1}]$, 또는 $[FTL^{-2}]$이며, 단위는 $Pa\,s$(N s/m²)이고, 0.00102 g_f s/cm² = 1 dyne sec/m² = 1g/(sec cm) = 1 Poise라고 한다. ν의 차원은 $[L^2T^{-1}]$이며, 단위는 m²/s이며, 1 cm²/s = 1 Stokes라고 한다.

14 바닥으로부터 거리가 y(m)일 때의 유속이 $v = -4y^2 + y$(m/s)인 점성유체 흐름에서 전단력이 0이 되는 지점까지의 거리는?

① 0 m　② $\frac{1}{4}$ m　③ $\frac{1}{8}$ m　④ $\frac{1}{12}$ m

풀이 $\tau = \mu \frac{dv}{dy}$에서 전단력이 0이 되려면 $\frac{dv}{dy} = 0$이 되어야 한다. 즉, $\frac{dv}{dy} = -8y + 1 = 0$, $y = \frac{1}{8}$m

정답 ③

15 직경 1 mm인 모세관의 모관상승 높이는? (단, 물의 표면장력은 74 dyne/cm, 접촉각은 8°)

① 15 mm ② 20 mm ③ 25 mm ④ 30 mm

풀이 $h = \frac{4T\cos\theta}{\gamma d} = \frac{4 \times 74 \text{ dyne/cm} \times \cos 8}{1 \text{ g}_f/\text{cm}^3 \times 0.1 \text{ cm}}$

$= \frac{4 \times 74(\text{g} \cdot \text{cm/s}^2)/\text{cm} \times \cos 8}{1(980 \text{ g} \cdot \text{cm/s}^2)/\text{cm}^3 \times 0.1\text{cm}}$

$= 2.99 \text{ cm} = 30 \text{ mm}$

[참고] $1 \text{ dyne} = 1\text{g} \cdot \text{cm/s}^2$, $1 \text{ g}_f = 980 \text{ g} \cdot \text{cm/s}^2$ 임

정답 ④

16 액체와 기체와의 경계면에 작용하는 분자인력에 의한 힘은?

① 모관현상 ② 점성력 ③ 표면장력 ④ 내부마찰각

정답 ③

표면장력

물질의 분자 상호 간에 끌어당기는 힘(인력)을 **응집력**(cohesive force)이라 부르고 서로 다른 물질 분자 사이의 인력을 **부착력**(adhesive force)이라고 부른다. 수면에 연직으로 직경이 D인 가느다란 유리관을 세운다. 관 내의 수면 높이가 상승하였다. 이를 **모(세)관현상**이라고 부른다. 액체표면 아래의 물분자 사이에는 모든 방향으로 동일한 크기의 응집력이 작용하여 평형을 이루고 있으나 액체표면 외부에서는 물 분자와 공기분자와의 인력이 액체 내부의 인력보다 작아서 인력의 평형을 이루지 못하여 액체표면에 있는 분자는 표면에 접선인 방향으로 끌어당기는 힘을 받게 되는데, 이를 **표면장력** T(surface tension, 차원 : $[FL^{-1}]$, 단위 : N/cm, g_f/cm)라고 부른다.

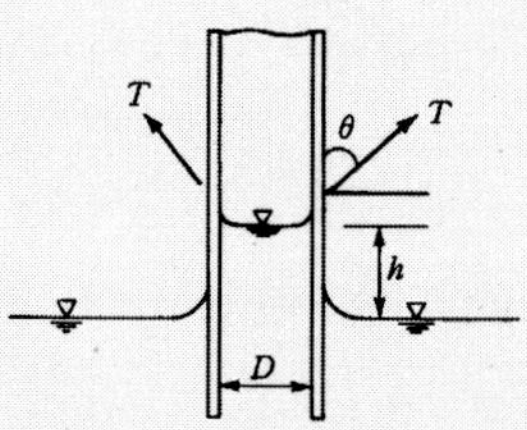

표면장력에 의해 수면이 h만큼 상승하였다. 이때 h를 **모관(상승)고**라고 하며 h는 힘의 평형조건식에 의해 구할 수 있다.

$$h = \frac{4T\cos\theta}{\gamma D}$$

여기서 θ는 액체와 고체 사이의 접촉각이다.

17 물의 체적탄성계수 E, 체적변형률 e 등과 압축계수 C의 관계를 바르게 표시한 식은? (단, e : 체적변형률 dV/V, dp : 압력변화량)

① $C=\frac{1}{E}=\frac{e}{dp}$

② $C=E=\frac{dp}{e}$

③ $C=\frac{dV}{V}=e$

④ $C=\frac{V}{dV}=\frac{1}{e}$

풀이 $E=\frac{dp}{dV/V}=\frac{dp}{e}=\frac{1}{C}$에서

$C=\frac{1}{E}=\frac{e}{dp}$

정답 ①

18 다음 중 이상유체(Ideal Fluid)의 정의를 옳게 설명한 것은?

① 뉴턴(Newton)의 점성법칙을 만족하는 유체

② 비점성, 비압축성인 유체

③ 점성이 없는 모든 유체

④ 오염되지 않은 순수한 유체

정답 ②

체적탄성계수

물을 용기에 채우고 압력(힘)을 가하면 물이 압축되어 체적이 감소되고 압력을 제거하면 원래의 체적으로 환원되는데, 이와 같은 물의 성질을 **압축성**(compressibility) 또는 **탄성**(elastisity)이라고 한다. 물의 경우에 1기압을 가하면 약 2만분의 1, 1000기압을 가하면 약 5% 정도가 수축된다. 정상적인 상태에서 물의 압축성은 대단히 작기 때문에 물을 비압축성 유체로 가정하여 통상적으로 해석한다. 그러나 관수로 내의 수격작용(water hammer)을 해석할 때에 물의 압축성을 고려하기도 한다.

탄성이 있는 고체 물질에 힘을 가하면 응력과 길이의 변형률 사이에 탄성계수라는 비례상수를 사용하는데, 유체에는 강성이 없으므로 작용한 압력과 체적변화율 사이에 **체적탄성계수**를 사용한다. 온도가 일정할 때, 액체의 압력을 P_1에서 P_2로 변화시켜 압력을 가하면 체적탄성계수는,

$$E=-\frac{\Delta P}{\Delta V/V_0}$$

여기서 $V_0=\frac{V_1+V_2}{2}$이다. 그리고 체적탄성계수 E의 역수를 **압축률** α라고 한다.

19 어느 유체의 압축성을 무시할 수 있는 경우는 그 유체의 무엇을 무시할 수 있는 경우에만 가능한가?

① 비중의 변화 ② 밀도의 변화 ③ 속도의 변화 ④ 점성의 변화

정답 ②

CHAPTER 02

정수역학

01 절대압력 P_{ab}, 계기압력(또는 상대압력) P_g, 그리고 대기압 P_{at} 라고 할 때 이들의 관계식으로 옳은 것은?

① $P_{ab} - P_g = P_{at}$ ② $P_{ab} + P_g = P_{at}$

③ $P_g - P_{at} = P_{ab}$ ④ $P_g + P_{at} = P_{ab} - 1$

정답 ①

02 그림에서 A점(관내)에서의 압력에 대한 설명으로 옳은 것은? (단, B점은 수면에 위치)

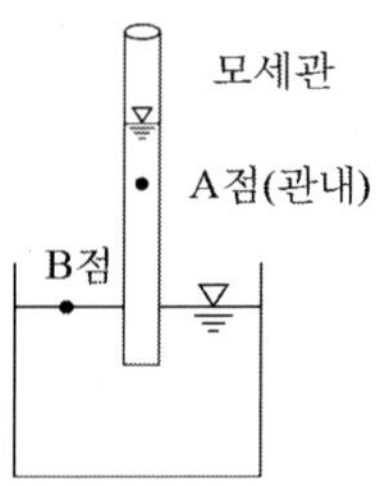

① B점에서의 압력보다 낮다. ② B점에서의 압력보다 높다.

③ B점에서의 압력과 같다. ④ B점에서의 압력과 비교할 수가 없다.

풀이 B점(수면)과 모세관 내의 수면은 동일하게 대기압을 받고 있다. 모세관 내의 A점의 압력은 대기압보다 낮다. 그러므로 A점의 압력은 B점보다 낮다.

정답 ①

정수압

절대압력 p_{abs}는 국지대기압 p_a에 계기압력 p_g를 더한 값으로 표시된다.

$$p_{abs} = p_a + p_g$$

03 수면 아래 30 m 지점의 수압을 kN/m²으로 표시하면? (단, 물의 단위중량은 9.81 kN/m³이다.)

① 2.94 kN/m² ② 29.43 kN/m² ③ 294.3 kN/m² ④ 2943 kN/m²

풀이 $p = \gamma h = (9.81)(30) = 294.3\ \mathrm{kN/m^2}$

정답 ③

04 중력장에서 단위유체질량에 작용하는 외력 F의 x, y, z축에 대한 성분을 각각 X, Y, Z라고 하고, 각 축방향의 증분을 dx, dy, dz라고 할 때 등압면의 방정식은?

① $\dfrac{dx}{X} + \dfrac{dy}{Y} + \dfrac{dz}{Z} = 0$ ② $\dfrac{X}{dx} + \dfrac{Y}{dy} + \dfrac{Z}{dz} = 0$

③ $X \cdot dx + Y \cdot dy + Z \cdot dz = 0$ ④ $X \cdot dx + Y \cdot dy + Z \cdot dz = dF$

정답 ③

05 그림과 같은 수압기에서 B점의 원통 무게가 2000 N(200 kg), 면적이 500 cm²이고, A점의 원통 면적이 25 cm²일 때 이들이 평형상태를 유지하기 위한 힘 P의 크기는? (단, A점의 원통 무게는 무시하고 관내 액체의 비중은 0.9이며, 무게 1 kg = 10 N이다.)

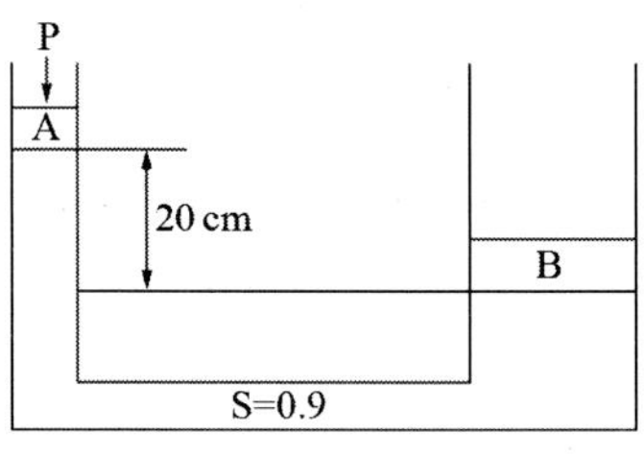

① 0.0955 N(9.55 g) ② 0.955 N(95.5 g)

③ 95.5 N(9.55 kg) ④ 955 N(95.5 kg)

풀이 $\dfrac{P}{A_a} + \gamma h = \dfrac{B}{A_b}$, $\dfrac{P}{0.0025} + 10000 \times 0.9 \times 0.2 = \dfrac{2000}{0.05}$, $P = 95.5\ \mathrm{N}$

정답 ③

정수역학의 기본식

정지상태의 유체 안에서 성립되는 식으로 정수역학의 기본식이 된다.

$$dp = \rho(Xdx + Ydy + Zdz)$$

자유수면에서는 대기압으로 동일하고 수심이 일정한 곳에서 압력은 동일하므로 p=constant이다. 즉, $dp = 0$이며 등압면의 식이 된다.

$$Xdx + Ydy + Zdz = 0$$

수압기 원리

마개의 밑면적은 각각 a_1, a_2이고 마개의 무게와 마개의 주변의 마찰력을 무시하면 마개의 밑면의 압력강도는 P_1/a_1, P_2/a_2이며 양자 사이에는 평형상태이므로 다음과 같은 관계가 성립한다.

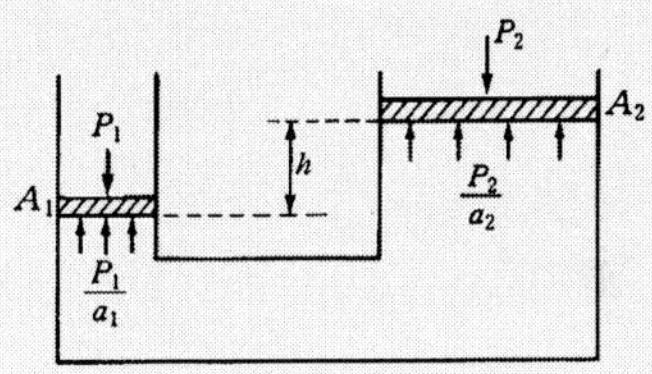

$$\frac{P_1}{a_1} = \frac{P_2}{a_2} + \gamma h$$

06 그림과 같은 액주계에서 수은면의 차가 10 cm이었다면 A, B점의 수압차는? (단, 수은의 비중 = 13.6, 무게 1 kg = 9.8 N)

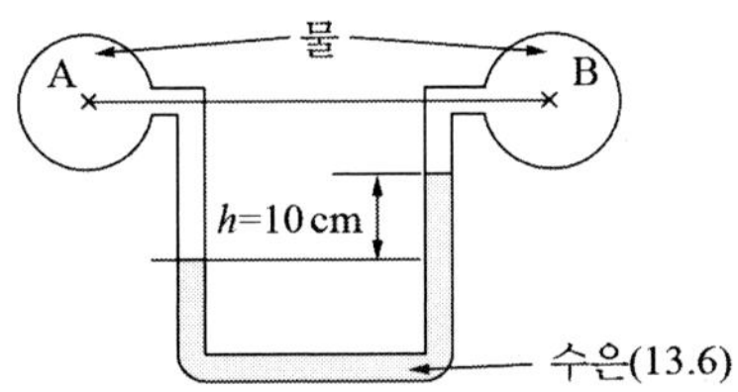

① 133.5 kPa ② 123.5 kPa ③ 13.35 kPa ④ 12.35 kPa

풀이 그림에서 아래 점선 부분의 압력은 동일하다. 왼쪽 점선 지점의 압력을 p_1, 오른쪽 점선 지점의 압력을 p_2라 하면, $p_1 = p_2$

$p_A + 9800 \times 0.1 = p_B + 13.6 \times 9800 \times 0.1$

$p_A - p_B = (13.6 \times 9800 \times 0.1) - (9800 \times 0.1)$

$p_A - p_B = 12348\ Pa = 12.35\ kPa$

정답 ④

07 그림에서 A와 B의 압력차는? (단, 수은의 비중 = 13.50)

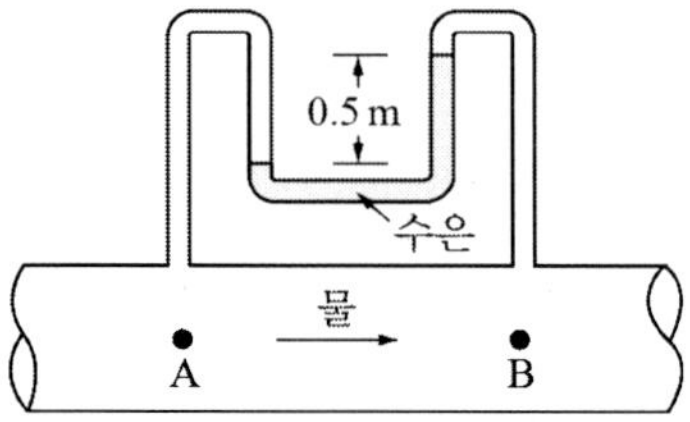

① 32.85 kN/m² ② 57.50 kN/m² ③ 61.25 kN/m² ④ 78.94 kN/m²

풀이 그림에서 빗금친 부분의 아래 면에 선을 그어서 그 지점의 압력을 각각 p_1, p_2라 하면, 이 점의 압력은 $p_1 = p_2$이다. 그림에서,

$p_1 = p_A + (9.8 \times 0.5)$, $p_2 = p_B + (9.8 \times 13.50 \times 0.5)$

$p_A + (9.8 \times 0.5) = p_B + (9.8 \times 13.50 \times 0.5)$

$p_A - p_B = (9.8 \times 0.5)(13.5 - 1) = 61.25 \text{ kN/m}^2$

정답 ③

압력측정

액주계를 오른쪽 관과 왼쪽 관으로 구분하여 점 A와 B의 압력을 고려하면,

점 A의 압력 :

$$p_A = \rho_h\, g(H_1 + H_3)$$

점 B의 압력 :

$$p_B = \rho g H_2 + \rho_h\, g H_3$$

점 A와 B는 동일 수평면상에 있으므로 그 압력은 같다.

즉, $p_A = p_B$이므로,

$$\rho_h\, gH_1 + \rho_h\, gH_3 = \rho g H_2 + \rho_h\, gH_3$$

$$\therefore \rho_h\, gH_1 = \rho g H_2$$

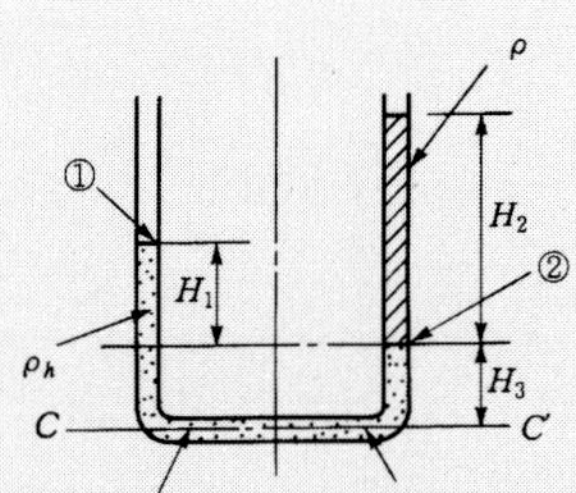

이 결과로부터 알 수 있는 바와 같이 $C-C'$를 선택하여 압력을 구하는 방법보다는 선분 ②의 아랫부분은 수은으로 동일하므로 윗부분만을 고려하면 편리하다.

08 물속에 잠긴 곡면에 작용하는 정수압의 연직방향 분력은?

① 곡면을 밑면으로 하는 물기둥의 체적의 무게와 같다.
② 곡면 중심에서의 압력에 수직투영 면적을 곱한 것과 같다.
③ 곡면의 수직투영 면적에 작용하는 힘과 같다.
④ 수평분력의 크기와 같다.

정답 ①

09 흐르지 않는 물에 잠긴 평판에 작용하는 전수압(全水壓)의 계산 방법으로 옳은 것은? (단, 여기서 수압이란 단위 면적당 압력을 의미)

① 평판도심의 수압에 평판면적을 곱한다.
② 단면의 상단과 하단 수압의 평균값에 평판면적을 곱한다.
③ 작용하는 수압의 최댓값에 평판면적을 곱한다.
④ 평판의 상단에 작용하는 수압에 평판면적을 곱한다.

풀이 전수압은 $P=\gamma h_g A$(여기서 h_g는 수면에서 도심까지의 거리)이다. γh_g는 평판도심의 수압이다.

정답 ①

평판에 작용하는 힘

$$P=\int dP=\gamma\sin\theta\int_A zdA$$
$$=\gamma\sin\theta z_G A=\gamma h_G A$$

작용점

$$z_C=z_G+\frac{I_G}{z_G A}$$

만일 θ 가 90°이면,

$$h_C=h_G+\frac{I_G}{h_G A}$$

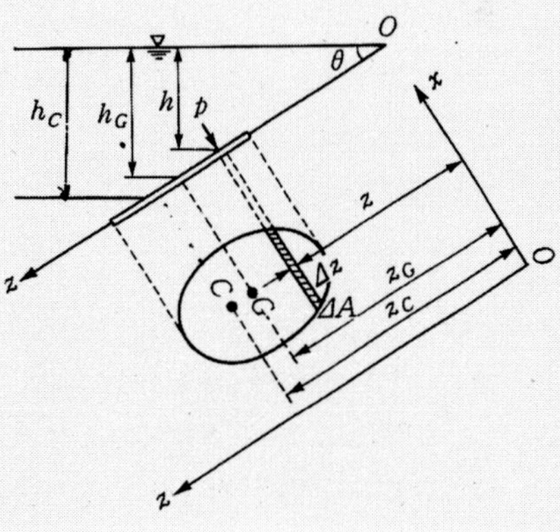

10 물속에 존재하는 임의의 면에 작용하는 정수압의 작용방향에 대한 설명으로 옳은 것은?

① 정수압은 수면에 대하여 수평방향으로 작용한다.
② 정수압은 수면에 대하여 수직방향으로 작용한다.
③ 정수압은 임의의 면에 직각으로 작용한다.
④ 정수압의 수직압은 존재하지 않는다.

정답 ③

11 밑변 2 m, 높이 3 m인 삼각형 형상의 판이 밑변을 수면과 맞대고 연직으로 수중에 있다. 이 삼각형 판의 작용점 위치는? (단, 수면을 기준으로 한다.)

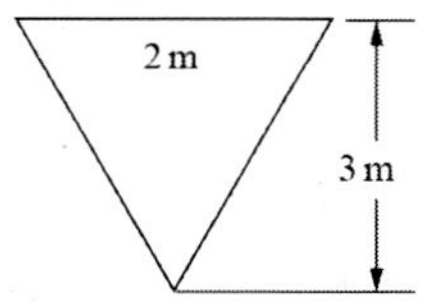

① 1 m　　② 1.33 m　　③ 1.5 m　　④ 2 m

풀이 $h_G = 3 \times \frac{1}{3} = 1\,\text{m}$

$I_G = \frac{bh^3}{36}$ (삼각형)

$$h_C = h_G + \frac{I_G}{h_G A} = 1 + \frac{\frac{2 \times 3^3}{36}}{1 \times (2 \times 3/2)} = 1.5\,\text{m}$$

정답 ③

곡면에 작용하는 전수압과 작용점

(1) 수중의 곡면에 작용하는 정수압의 수평분력은 그 곡면을 연직면에 투영시켰을 때 생기는 투영면적 A_x에 작용하는 수압과 같고 그 작용점은 연직면에 작용하는 힘의 작용점과 같다.
(2) 수중의 곡면에 작용하는 정수압의 연직분력은 그 곡면이 밑면이 되는 물기둥의 무게와 같고 그 작용점은 물기둥의 중심을 지난다.

12 그림과 같이 지름 3 m, 길이 8 m인 수로의 드럼게이트에 작용하는 전수압이 수문 $\widehat{ABC}$ 에 작용하는 지점의 수심은?

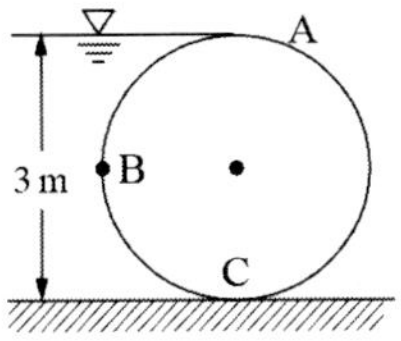

① 2.00 m ② 2.25 m ③ 2.43 m ④ 2.68 m

풀이 $P_h = \gamma h_g A = 1t/m^3 \times \dfrac{3}{2} \times (3 \times 8) = 36\,\text{t}$,

$P_v = \gamma Vol = 1 \times \dfrac{1}{2}\left(\dfrac{\pi \times 3^2}{4}\right) \times 8 = 28.27\,\text{t}$

$\theta = \tan^{-1}\left(\dfrac{28.27}{36}\right) = 38.14°$

P의 작용점은 수면에서부터

$\dfrac{d}{2} + \dfrac{d}{2}\sin 38.14 = \dfrac{3}{2} + \dfrac{3}{2}\sin 38.14 = 2.43\,\text{m}$

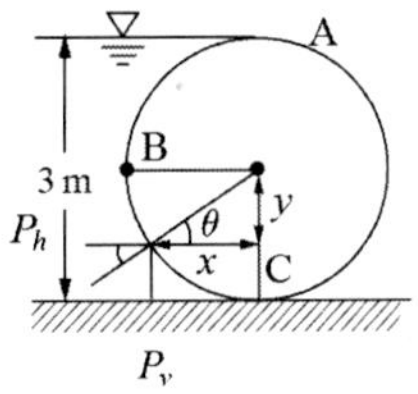

정답 ③

13 그림과 같이 물속에 수직으로 설치된 넓이 2 m×3 m의 수문을 올리는 데 필요한 힘은? (단, 수문의 물속 무게는 1960 N이고, 수문과 벽면사이의 마찰계수는 0.25이다.)

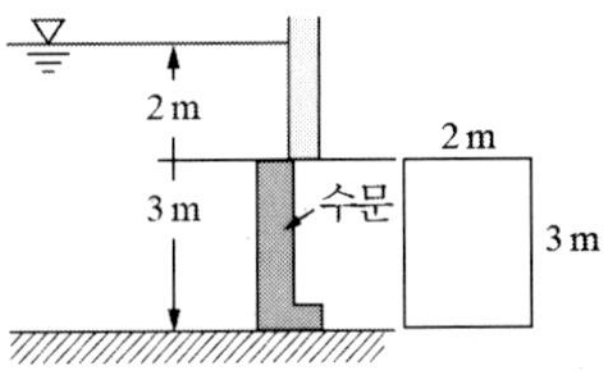

① 5.45 kN ② 53.4 kN ③ 126.7 kN ④ 271.2 kN

풀이 수문이 받는 전수압은,

$P = \gamma h_g A$

$= 9800\,\text{N/m}^3 \times (2 + \dfrac{3}{2})\,\text{m} \times (2 \times 3)\,\text{m}^2 = 205800\,\text{N} = 205.8\,\text{kN}$

위로 들어 올리는 힘은 수문의 무게와 P가 오른쪽으로 누르고 있는데 마찰계수를 고려하여 계산한다. 즉,

$1960\,\text{N} + 205800\,\text{N} \times 0.25$

$= 53410\,\text{N} = 53.41\,\text{kN}$

정답 ②

14 1 m×1 m 크기의 평판을 연직방향으로 세워서 물속에 잠기게 하였다. 이 평판을 점점 더 깊은 곳으로 이동할 경우에 전수압의 작용점까지의 수심(h_C)과 평면의 도심까지의 수심(h_G)의 차($h_C - h_G$)는?

① 0보다 작아진다. ② 0에 가까워진다.
③ 점점 커진다. ④ 변함이 없다.

풀이 $h_C = h_G + \frac{I_G}{h_G A}$에서 $h_C - h_G = \frac{I_G}{h_G A}$이다. 이 식에서 더 깊은 곳으로 이동할 경우에 I_G와 A는 변화가 없으나 h_G값이 커지므로 $\frac{I_G}{h_G A}$ 값은 작아진다. 또한 $h_C > h_G$이므로 0보다 작아지지 않는다. 0에 가까워진다.

정답 ②

15 폭 2.4 m, 높이 2.7 m의 연직 직사각형 수문이 한쪽 면에 수압을 받고 있다. 수문의 밑면은 힌지로 연결되어 있고 상단은 수평체인(chain)으로 고정되어 있을 때 이 체인 작용하는 장력(張力)은 얼마인가? 단, 수문의 정상과 수면은 일치한다.

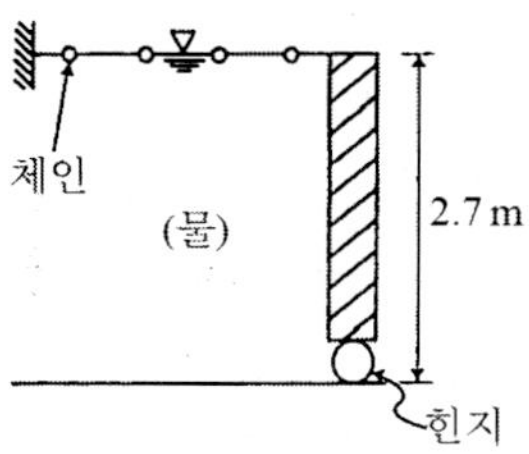

① 2.92 ton ② 5.83 ton ③ 7.87 ton ④ 8.75 ton

풀이 수문이 받는 압력,

$P = \gamma h_g A = 1\ \text{t/m}^3 (2.7/2)(2.7\times 2.4) = 8.748\ \text{t}$

전수압이 작용하는 점은,

$$h_c = h_g + \frac{I_g}{h_g A} = (2.7/2) + \frac{\frac{2.4\times 2.7^3}{12}}{(2.7/2)(2.7\times 2.4)} = 1.8\ \text{m}$$

그림에서 체인에 걸리는 장력을 T라 하고, 하단 힌지를 원점으로 모멘트를 취하면,

$T\times 2.7 - 8.748\times 0.9 = 0$에서 $T = 2.92$이다.

정답 ①

16 반지름($\widehat{OP}$)이 6 M이고, $\theta' = 30°$인 수문이 그림과 같이 설치되었을 때, 수문에 작용하는 전수압(저항력)은?

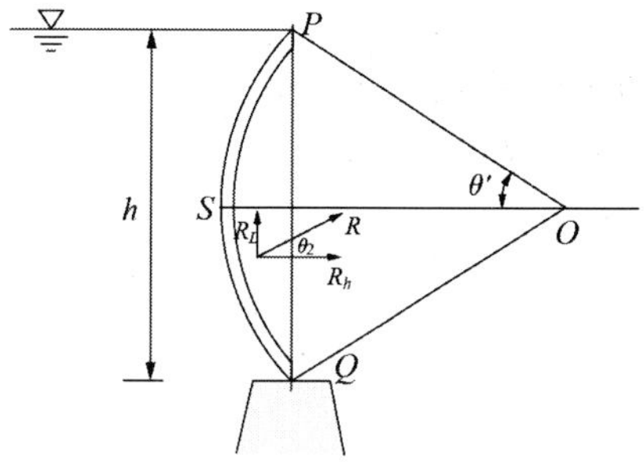

① 185.5 kN/m ② 179.5 kN/m ③ 169.5 kN/m ④ 159.5 kN/m

풀이 수문에 작용하는 전압력을 P, 수평압력을 P_H, 연직압력을 P_V 라 하면,

$P = \sqrt{P_H^2 + P_V^2}$

그림에서 $h = 2(6\sin 30^o) = 6$ m

$P_H = \gamma h_g A = 9.8 \times 3(6 \times 1) = 176.4$ kN/m

$P_V = \gamma$(부채꼴 − 삼각형)

$= 9.8[(3.14 \times 6^2 \times \frac{60}{360}) - (6 \times 6\cos 30°/2)]$

$= 31.87$ kN/m

$P = \sqrt{176.4^2 + 31.87^2} = 179.3$ kN/m

정답 ②

17 비중이 0.92의 빙산이 해수면에 떠 있다. 수면 위로 나온 빙산의 부피가 100 m^{3}이면 빙산의 전체 부피는? (단, 해수 비중은 1.025)

① 976 m^3 ② 1,025 m^3 ③ 1,114 m^3 ④ 1,125 m^3

풀이 빙산의 무게(W)와 부력(F_b)은 같다. 즉, $W = F_b$이다. V를 빙산 부피라 하면,

빙산의 무게 $W = \gamma_i V = (0.92 \times 1\ \text{t/m}^3) \cdot \text{V}$

부력, $F_b = \gamma_s (V - 100) = 1.025\ \text{t/m}^3 (V - 100)$

$0.92\ \text{t/m}^3 \cdot \text{V} = 1.025\ \text{t/m}^3 (V - 100)$

$(1.025 - 0.92) V = 1.025 \times 100 \quad \therefore V = 976.2\ \text{m}^3$

정답 ①

18 길이 13 m, 높이 2 m, 폭 3 m, 무게 20 ton인 바지선의 흘수는?

① 0.51 m ② 0.56 m ③ 0.58 m ④ 0.46 m

풀이 부력과 바지선의 무게가 같다. 흘수를 y라 하면 잠긴 부피는 $Vol = 13\times3\times y$이다. 이 부피가 배제한 물의 무게가 부력이다. 부력 $F_B = 1\ t/m^3(13\times3\times y)\ m^3$이며, 이는 20 t과 같다.

$1\ t/m^3(13\times3\times y)\ m^3 = 20\ t$

즉, $y = 0.51$ m이다.

정답 ①

부력과 아르키메데스 원리

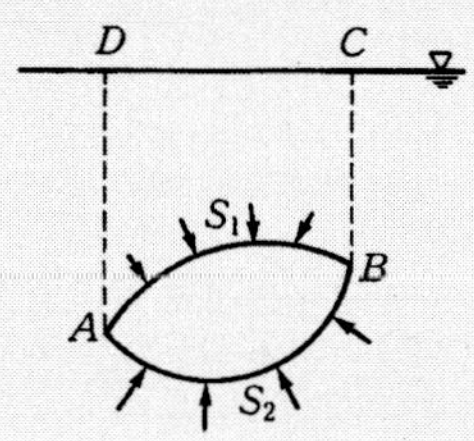

그림과 같이 곡면 S_1과 S_2로 이루어진 물체가 수중에 놓여 있다. 이때 전수압의 연직성분은 곡면 S_1을 밑면으로 하는 물기둥의 무게(AS_1BCD)가 아래 방향으로 작용하고 있으며 곡면 S_2를 밑면으로 하는 물기 둥의 무게(AS_2BCD)가 위 방향으로 작용하고 있으므로 실제 이 물체가 받는 힘은 이 물체의 부피에 해당하는 물의 무게만큼 위 방향으로 작용한다. 이 힘을 부력이라고 부르며 아르키메데스 원리로 알려져 있다. 이 물체에 대한 수평방향의 힘은 연직면에 투영한 면적이 어느 쪽에서나 동일하므로 방향이 반대인 같은 힘이 양쪽에 작용하고 있다.

19 비중이 0.9인 목재가 물에 떠 있다. 수면 위에 노출된 체적이 1.0 m³이라면 목재 전체의 체적은? (단, 물의 비중은 1.0이다.)

① 1.9 m³ ② 2.0 m³ ③ 9.0 m³ ④ 10.0 m³

풀이 목재의 무게(W)와 부력(F_b)은 같다. 즉, $W = F_b$이다. V를 목재의 부피라 하면, 목재의 무게

$W = \gamma_i V = (0.9\times1\ t/m^3)\cdot V$

부력, $F_b = \gamma(V-1.0) = 1.0t/m^3(V-1.0)$

$0.9\ t/m^3 \cdot V = 1.0\ t/m^3(V-1.0)$

$(1.0-0.9)V = 1.0\times1.0 \quad \therefore V = 10.0\ m^3$

정답 ④

20 빙산(氷山)의 부피가 V, 비중이 0.92이고, 바닷물의 비중은 1.025라 할 때 바닷물속에 잠겨있는 빙산의 부피는?

① $1.1V$　② $0.9V$　③ $0.8V$　④ $0.7V$

풀이 빙산의 부피를 V, 잠긴 부분의 부피를 S라 하자. 빙산의 무게를 F, 부력을 B라 하면, $F=B$이다.

$F=(9800)(0.92)V$

$B=(9800)(1.025)S$

$(9800)(0.92)V=(9800)(1.025)S$

$S=\frac{0.92}{1.025}V=0.9V$이다.

정답 ②

21 비중 γ_1의 물체가 비중 γ_2 ($\gamma_1 < \gamma_2$)의 액체에 떠 있다. 액면 위의 부피(V_1)과 액면 아래의 부피(V_2) 비($\frac{V_1}{V_2}$)는?

① $\frac{V_1}{V_2}=\frac{\gamma_2}{\gamma_1}+1$　② $\frac{V_1}{V_2}=\frac{\gamma_2}{\gamma_1}-1$　③ $\frac{V_1}{V_2}=\frac{\gamma_1}{\gamma_2}$　④ $\frac{V_1}{V_2}=\frac{\gamma_1}{\gamma_2}V$

풀이 그림으로 나타낼 수 있다. 이 때 물체의 무게를 F, 부력을 B라 하면, $F=B$이다.

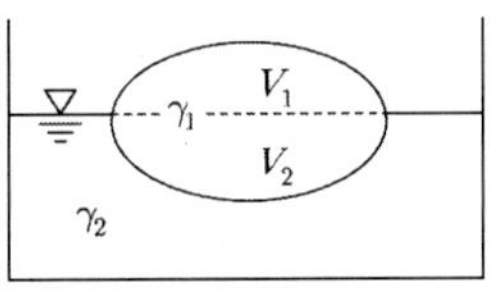

$F=(9800)(\gamma_1)(V_1+V_2)$, $B=(9800)(\gamma_2)V_2$

$(9800)(\gamma_1)(V_1+V_2)=(9800)(\gamma_2)V_2$

$(\gamma_1)(V_1+V_2)=(\gamma_2)V_2$, $\frac{\gamma_2}{\gamma_1}=\frac{V_1+V_2}{V_2}$

$\frac{\gamma_2}{\gamma_1}=\frac{V_1+V_2}{V_2}=\frac{V_1}{V_2}+1$

$\frac{V_1}{V_2}=\frac{\gamma_2}{\gamma_1}-1$

정답 ②

22 10℃의 물방울 지름이 3 mm일 때 그 내부와 외부의 압력차는? (단, 10℃에서 표면장력은 75 dyne/cm이다.)

① 250 dyne/cm²　② 500 dyne/cm²　③ 1000 dyne/cm²　④ 2000 dyne/cm²

풀이 $p=\frac{4T}{D}=\frac{4\times 75}{0.3}=1000\ \text{dyne/cm}^2$

정답 ③

23 중량이 600 N, 비중이 3.0인 물체를 물(담수)속에 넣었을 때 물속에서 중량은?

① 100 N ② 200 N ③ 300 N ④ 400 N

풀이 $600N = 3.0 \times 9800 \times Vol$,

$$Vol = \frac{600}{3.0 \times 9800} = 0.0204\ \text{m}^3$$

이 물체는 완전히 물속에 잠긴 상태이므로 부력만큼 가벼워진다.

부력 $B = 9800 \times 0.204 = 200\ \text{N}$이다.

$600 - 200 = 400\ \text{N}$

정답 ④

24 빙산의 비중이 0.920이고 바닷물의 비중은 1.025일 때 빙산이 바닷물속에 잠겨있는 부분의 부피는 수면 위에 나와 있는 부분의 약 몇 배인가?

① 10.8배 ② 8.8배 ③ 4.8배 ④ 0.8배

풀이 아래 그림에서 물체의 무게를 F, 부력을 B라 하면, $F = B$이다. 물체 수면 위의 부피를 V_1, 수면 아래 부피를 V_2라면,

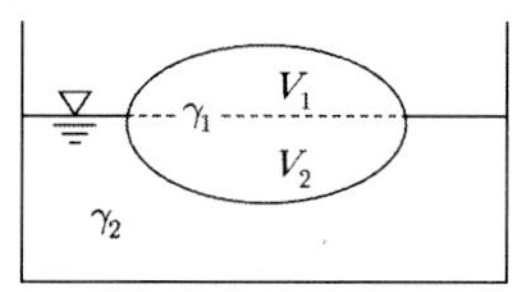

$$F = (9800)(\gamma_1)(V_1 + V_2),\ \ B = (9800)(\gamma_2)V_2$$

$$(9800)(\gamma_1)(V_1 + V_2) = (9800)(\gamma_2)V_2$$

$$(\gamma_1)(V_1 + V_2) = (\gamma_2)V_2,\ \ \frac{\gamma_2}{\gamma_1} = \frac{V_1 + V_2}{V_2}$$

$$\frac{\gamma_2}{\gamma_1} = \frac{V_1 + V_2}{V_2} = \frac{V_1}{V_2} + 1$$

$$\frac{V_1}{V_2} = \frac{\gamma_2}{\gamma_1} - 1,\ \ \frac{V_1}{V_2} = \frac{1.025}{0.92} - 1 = 0.114,$$

$$V_2 = \frac{1}{0.114}V_1 = 8.8V_1$$

정답 ②

25 공기 중에서 물체 무게가 750 N이고 물속에서 무게가 250 N일 때 이 물체의 체적은? (단, 무게 1 kg 중 = 10 N)

① 0.05 m³ ② 0.06 m³ ③ 0.50 m³ ④ 0.60 m³

풀이 물속에서 부력을 받고 있으며 부력은 $750 - 250 = 500$ N이다.

부력을 B라 하면, $B = \gamma V = (9800)V = 500\ \text{N}$, $V = \frac{500}{9800} = 0.05\ \text{m}^3$

정답 ①

26 지름 25 cm, 길이 1 m의 원주가 연직으로 물에 떠 있을 때, 물속에 가라앉은 부분의 길이가 90 cm라면 원주의 무게는? (단, 무게 1 kg_f = 9.8 N)

① 253 N ② 344 N ③ 433 N ④ 503 N

풀이 원주 무게를 F, 부력을 B라 하면, $F=B$이다.

$$\frac{3.14\times0.25^2}{4}\times1.0\times\gamma_s=\frac{3.14\times0.25^2}{4}\times0.9\times1000,$$

$\gamma_s=900\ kg_f/m^3$

원주 무게 $=\dfrac{3.14\times0.25^2}{4}\times1\times900\ =44.156\ kg_f=44.156\times9.8=432.7\ N$

정답 ③

27 단위무게 5.88 kN/m^3, 단면 40 cm×40 cm 길이 4 m인 물체를 물속에 완전히 가라앉히려 할 때 필요한 최소 힘은?

① 2.51 kN ② 3.76 kN ③ 5.88 kN ④ 6.27 kN

풀이 그림을 그려 보자.

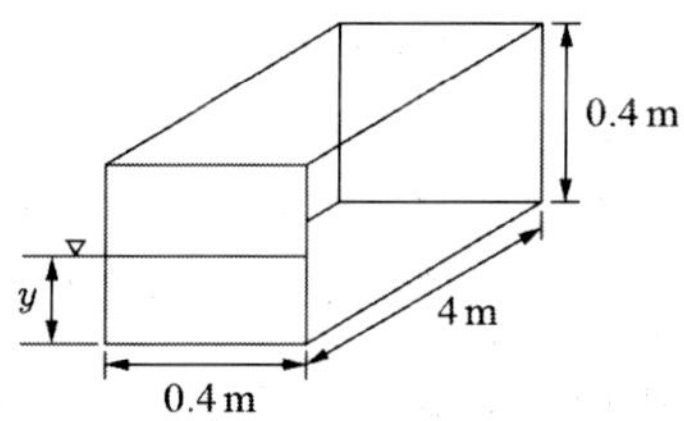

우선, 흘수 y를 구하고 흘수 윗부분을 물속으로 가라앉히기 위해 필요한 힘을 구한다. 단위무게 5.88 kN/m^3이므로 이 물체의 무게를 W라 하면,

$W=5.88(0.4\times0.4\times4)=3.7632\ kN$

부력을 F_b라 하면, $W=F_b$이다.

$3.7632=9.8(y\times0.4\times4)$, 흘수 $y=0.24\ m$

수면 위의 높이는 0.4−0.24 = 0.16 m이다.
수면위에 해당하는 물의 무게가 가라앉히기 위해 필요한 힘이다. 즉,

$9.8(0.16\times0.4\times4)=2.51\ kN$

참고로 이 물체를 세워서 계산해도 결과는 같다.

정답 ①

28 20℃에서 지름이 0.3 mm인 물방울이 공기와 접하고 있다. 물방울 내부 압력이 대기압보다 10 g_f cm^2 만큼 크다고 할 때 표면장력의 크기를 dyne/cm로 나타내면?

① 0.075 ② 0.75 ③ 73.50 ④ 75.0

풀이 $p = \frac{4T}{D} = \frac{4 \times T}{0.03} = 10\ \text{gf/cm}^2$

$T = 0.075\ g_f/\text{cm}$

$1\ kg_f = 1000 g_f = 0.98 \times 10^6 \text{dyne}$

$1\ g_f = 980 \text{dyne}$

$T = 0.075\ g_f/\text{cm}$

$= 0.075 \times 980 = 73.5\ \text{dyne/cm}$

정답 ③

주장력공식

상수도관 같은 원형관에 물이 흐르기 위해서 압력이 가해진다. 이때 관벽에 인장응력이 작용한다. 압력을 받는 관에서 관의 두께를 결정하는 것은 중요하다. 원관 내에 작용하는 전수압은 곡면에 작용하는 수평분력을 계산하는 방법을 적용한다. 원형관은 모든 방향에 대해 동일한 압력을 받기 때문에 반원에 대해서만 고려한다. 그림에서와 같이 관 내의 압력을 p, 전수압의 수평분력을 P, 직경을 D, 관의 길이를 l, 관 벽면에 가해지는 힘에 대한 인장력을 T라고 할 때 전수압의 수평방향 분력과 인장력은 동일하다.

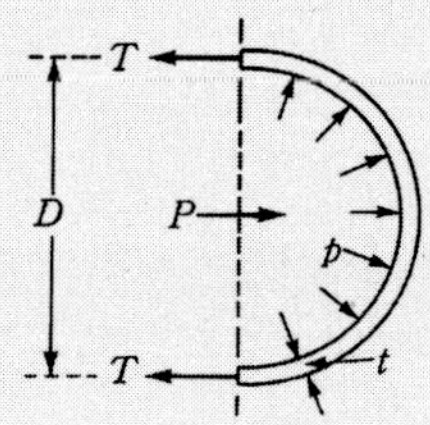

$2T = P = pDl$이다. 관의 인장응력을 σ, 관의 두께를 t라고 하면, $\sigma = \frac{T}{tl}$이다. 두 식으로부터 관의 두께 t에 관해 정리하면, $t = \frac{pD}{2\sigma}$이고, 관의 설계에서 σ 대신 관재료에 따른 허용인장응력 σ_{ta}로 대신하면, $t = \frac{pD}{2\sigma_{ta}}$이다. 이 식을 주장력공식이라 한다.

29 부체의 안정에 관한 설명으로 옳지 않은 것은?

① 경심(M)이 무게중심(G)보다 낮을 경우 안정하다.
② 무게중심(G)이 부심(B)보다 아래쪽에 있으면 안정하다.
③ 부심(B)과 무게중심(G)이 동일한 연직선 상에 위치할 때 안정을 유지한다.
④ 경심(M)이 무게중심(G)보다 높을 경우 복원모멘트가 작용한다.

정답 ①

부체의 안정

부체의 중심을 G, 부력의 중심을 B, 부체의 중심축과 부력의 중심을 지나는 연직선과의 교점을 경심(metacenter) M이라고 한다. 이때 $\overline{MG}$의 거리를 경심고(height of metacenter)라고 부른다.

$$\frac{I_y}{V} > a : \text{안정}$$

$$\frac{I_y}{V} < a : \text{불안정}$$

$$\frac{I_y}{V} = a : \text{중립}$$

I_y는 중심축 y에 관한 단면 2차 모멘트,

$a = \overline{GB}$, V는 부체의 배수용적이다.

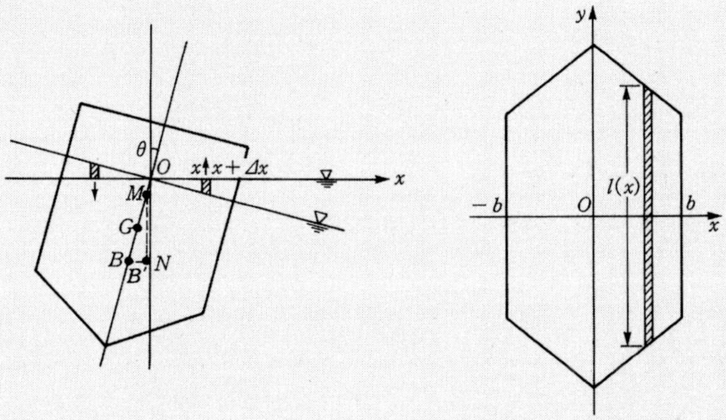

[팁] I_y는 직사각형일 때 $I_y = \frac{bh^3}{12}$이다. 이 때 b는 긴 쪽, h는 짧은 쪽이다.

30 물이 담겨 있는 그릇을 정지 상태에서 가속도 a로 수평으로 잡아당겼을 때 발생되는 수면이 수평면과 이루는 각이 $30°$ 이었다면 가속도 a는? (단, 중력가속도 = 9.8 m/s²)

① 약 4.9 m/s²　② 약 5.7 m/s²　③ 약 8.5 m/s²　④ 약 17.0 m/s²

풀이 $z = \frac{\alpha}{g}x$, $\tan\theta = \frac{\alpha}{g}$, $\alpha = g\tan\theta = 9.8\tan 30° = 5.65 \simeq 5.7$

정답 ②

31 그림과 같이 길이 1 m×1 m×1 m인 정육면체의 나무가 물에 떠 있을 때 부체(浮體)로서 상태로 옳은 것은? (단, 나무의 비중은 0.8이다)

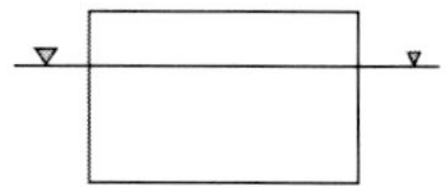

① 안정하다. ② 불안정하다. ③ 중립상태다. ④ 판단할 수 없다.

풀이 $\frac{I_y}{V}>a$일 때 안정이다. 여기서 I_y는 중심축 y에 관한 단면 2차모멘트, V는 부체의 배수용적, a는 물체의 무게중심(G)과 부체의 부심(B)과의 거리이며 G가 B위에 있을 때 (+)이다. 여기서 $I_y=\frac{bh^3}{12}=\frac{1\times1^3}{12}=0.083$, V를 구하기 위해 흘수를 알아야 한다. 흘수를 s라 할 때, 물체의 무게를 F, 부력을 B라 하면, $F=B$이다.

$F=9800\times0.8\times(1\times1\times1)=7840\text{ N}$

$B=9800\times1\times(1\times1\times s)$

$9800\times0.8\times(1\times1\times1)=9800\times1\times(1\times1\times s)$

$s=0.8\text{ m}$

배수용적 V는 $(1\times1\times0.8)=0.8\text{ m}^3$

바닥을 기준으로 무게중심은 $\frac{1}{2}=0.5\text{ m}$, 부심은 $\frac{0.8}{2}=0.4\text{ m}$, $a=0.5-0.4=0.1\text{ m}$이다.

$\frac{I_y}{V}=\frac{0.083}{0.8}=0.103>0.1=a$ 안정이다.

정답 ①

32 그림과 같이 뚜껑이 없는 원통 속에 물을 가득 넣고 중심 축 주위로 회전시켰을 때 흘러넘친 양이 전체의 20%였다. 이 때, 원통 바닥면이 받는 전수압은?

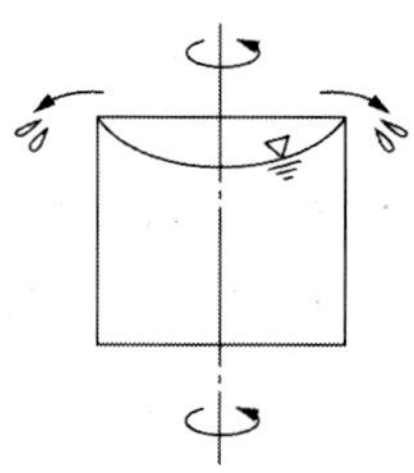

① 정지상태와 비교할 수 없다.
② 정지상태에 비해 변함이 없다.
③ 정지상태에 비해 20%만큼 증가한다.
④ 정지상태에 비해 20%만큼 감소한다.

풀이 바닥이 받는 압력은 물의 무게와 같다. 물이 20%가 넘쳤기 때문에 그만큼 가벼워진다.

정답 ④

33 그림과 같이 높이 2 m인 물통의 물이 1.5 m 만큼 담겨 있다. 물통이 수평으로 4.9 m/sec^{2}의 일정한 가속도를 받고 있을 때 물통의 물이 넘쳐흐르지 않기 위한 물통의 길이(L)는?

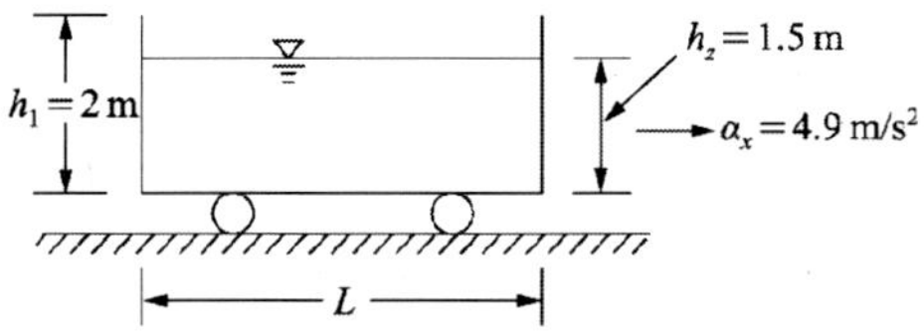

① 2.0 m ② 2.4 m ③ 2.8 m ④ 3.0 m

풀이 그림에서 $\tan\theta = \dfrac{\alpha}{g} = \dfrac{4.9}{9.8}$ 이다.

$\theta = \tan^{-1}\left(\dfrac{4.9}{9.8}\right) = 26.57°$ 이다. 물통이 넘쳐 흐르지 않기 위해서는 $\tan 26.57° = \dfrac{0.5}{L/2}$, L = 2.0 m

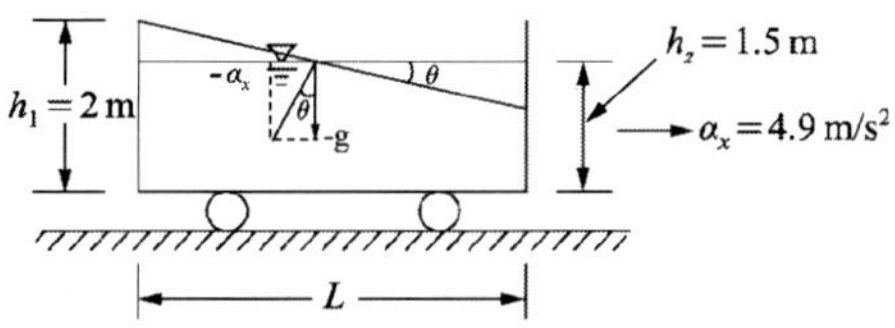

정답 ①

수면형의 계산

① 수평방향으로 일정한 가속도로 이동할 때 수면방정식과 경사각 θ는,

$$z = -\frac{\alpha}{g}x$$

$$\theta = \tan^{-1}\left(-\frac{\alpha}{g}\right)$$

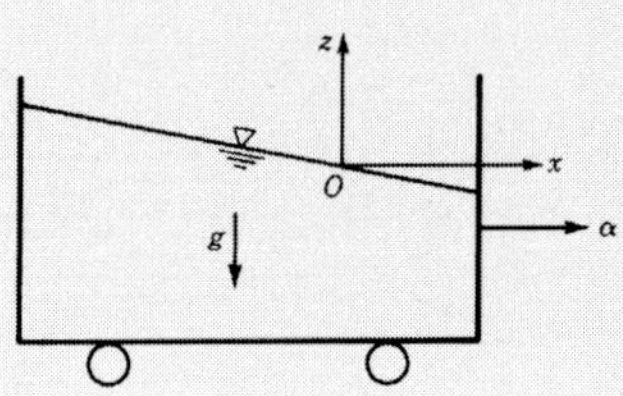

② 일정한 가속도 α로 이동하는 엘리베이터 안에서 물이 들어있는 용기에 작용하는 외력은 엘리베이터가 상승하는 경우, 하강하는 경우로 구분할 수 있다. 상승, 하강할 때 바닥에 작용하는 압력은,

$$p = \left(1 \pm \frac{\alpha}{g}\right)\gamma h$$

③ 물이 담긴 원통형 용기에서 원통 중심을 축으로 일정 한 각속도 ω로 회전시킬 때 수면방정식은,

$$z = \frac{\omega^2}{2g}x^2 + h_0$$

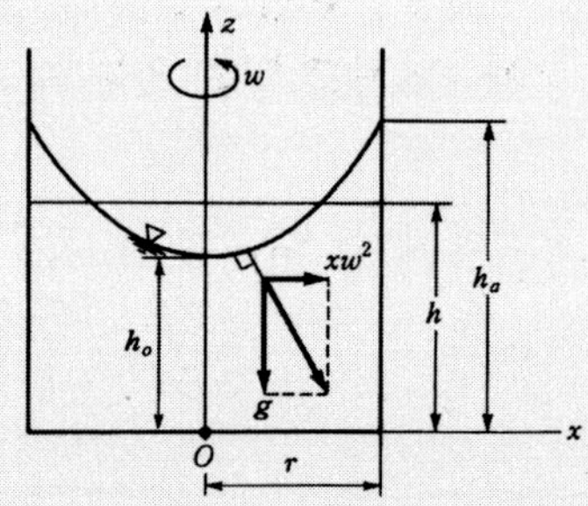

용기 벽면의 수면은 가장 높고, 중심에서 수면은 가장 낮음을 알 수 있다. 이때의 수심을 각각 h_a와 h_0라고 할 때 이들 관계는,

$$h_a - h_0 = \frac{\omega^2 r^2}{2g}$$

CHAPTER 03

동수역학

01 평면상 x, y방향의 속도성분이 각각 $u = ky$, $v = kx$인 유선의 형태는?

① 원 ② 타원 ③ 쌍곡선 ④ 포물선

풀이 2차원 유선방정식은 $\frac{dx}{u} = \frac{dy}{v}$이다. 이 식을 변형하면 $vdx = udy$이다. 속도성분을 대입하면, $kxdx = kydy$이다. 적분하면,

$\int kxdx = \int kydy$, $k\frac{1}{2}x^2 = k\frac{1}{2}y^2 + C$이다.

이 식을 정리하면, $\frac{1}{k_1^2}x^2 - \frac{1}{k_1^2}y^2 = 1$, 혹은 $\frac{x^2}{k_1^2} - \frac{y^2}{k_1^2} = 1$이다. 이 식은 쌍곡선이다.

정답 ③

02 유선 위의 한 점의 x, y, z축에 대한 좌표를 $(x,\ y,\ z)$, x, y, z축 방향 속도성분을 u, v, w라 할 때 서로의 관계가 $\frac{dx}{u} = \frac{dy}{v} = \frac{dz}{w}$, $u = -ky$, $v = kx$, $w = 0$인 흐름에서 유선의 형태는? (단, k는 상수)

① 원 ② 타원 ③ 쌍곡선 ④ 포물선

풀이 2차원 유선방정식은 $\frac{dx}{u} = \frac{dy}{v}$이다. 이 식을 변형하면 $vdx = udy$이다. 속도성분을 대입하면, $kxdx = -kydy$이다. 적분하면,

$\int kxdx = -\int kydy$, $k\frac{1}{2}x^2 = -k\frac{1}{2}y^2 + C$이다. 이 식을 정리하면, $\frac{1}{k_1^2}x^2 + \frac{1}{k_1^2}y^2 = 1$, 혹은 $x^2 + y^2 = k_1^2$이다. 이 식은 원이다.

정답 ①

유선방정식

평면좌표상에서 유선상의 한 점에서 속도 벡터를 $\overline{V}$라고 할 때 x, y 방향의 속도성분을 u, v라고 하자. 이때 $\overline{V}$가 x축과 이루는 각을 θ라고 하면 속도 성분 u, v는 $u = \overline{V}\cos\theta$, $v = \overline{V}\sin\theta$이다. 또한 유선의 미소변위를 ds라고 하면 각각 dx와 dy는 $dx = ds\cos\theta$, $dy = ds\sin\theta$이다. 유선상을 따라 이동하는 유체입자의 변위와 속도성분과의 관계식 을 얻을 수 있으며 동일한 방법으로 이를 3차원으로 확대하여 나타낼 수 있다. 이때 z 방향의 속도 성분을 w라고 하면,

$$\frac{dx}{u} = \frac{dy}{v} = \frac{dz}{w}$$

참고로,

원의 방정식 $x^2 + y^2 = r^2$

포물선 방정식 $y^2 = 4px$, 또는 $x^2 = 4py$

타원 방정식 $\frac{x^2}{a^2} + \frac{y^2}{b^2} = 1$

쌍곡선 방정식 $\frac{x^2}{a^2} - \frac{y^2}{b^2} = 1$

03 유선(streamline)에 대한 설명으로 옳지 않은 것은?

① 유선이란 유체입자가 움직인 경로를 말한다.
② 비정상류에서는 시간에 따라 유선이 달라진다.
③ 정상류에서는 유적선(pathline)과 일치한다.
④ 하나의 유선은 다른 유선과 교차하지 않는다.

풀이 ①은 유적선의 설명이다.

정답 ①

유선/유관/유적선

물의 흐름을 설명하기 위해서 가상적인 유선과 유관이 사용된다. 임의의 순간에 흐름 속에서 이동하는 유체입자의 사진을 촬영할 수 있다고 가정하자. 그때 입자의 속도벡터를 연결한 가상의 곡선을 유선(stream line)이라고 한다. 유선에 수직한 방향에 대한 속도성분은 항상 0이 되며 유선을 가로지르는 흐름은 존재하지 않는다. 흐름 속에서 개개 유체입자가 흐르는 경로를 유적선(stream path line)이라고 한다. 흐름이 시간에 대해서 변화가 없는 정상류이면 유선의 형상이 시간에 따라 변하지 않기 때문에 유선은 유체입자의 운동경로인 유적선과 일치한다.

04 정상류(steady flow)의 정의로 가장 적합한 것은?

① 수리학적 특성이 시간에 따라 변하지 않는 흐름
② 수리학적 특성이 공간에 따라 변하지 않는 흐름
③ 수리학적 특성이 시간에 따라 변하는 흐름
④ 수리학적 특성이 공간에 따라 변하는 흐름

정답 ①

05 시간을 t, 유속을 v, 두 단면 간의 거리를 l이라 할 때, 다음 조건 중 부등류인 경우는?

① $\frac{\partial v}{\partial t}=0$
② $\frac{\partial v}{\partial t}\neq 0$
③ $\frac{\partial v}{\partial t}=0,\ \frac{\partial v}{\partial l}=0$
④ $\frac{\partial v}{\partial t}=0,\ \frac{\partial v}{\partial l}\neq 0$

풀이 흐름 특성을 유속에 한정한 문제이다.
①은 시간에 대해 유속이 일정하므로 정류이다.
②는 시간에 대해 유속이 변하므로 부정류이다.
③ 정류이면서 등류이다.
④ 정류이면서 부등류이다. 이 문제에서 부등류인 경우는 ④이다.

정답 ④

06 안지름 2 m의 관내를 20℃의 물이 흐를 때 동점성계수가 0.0101 cm^2/s이고 속도가 50 cm/s라면 이 때의 레이놀즈수(Reynolds number)는?

① 966,000　② 970,000　③ 980,000　④ 990,000

풀이 $Re=\frac{V \cdot D}{\nu}=\frac{50\times 200}{0.0101}=990,099$

정답 ④

정류와 부정류

흐름의 특성이 임의 점에서 시간에 따라 변하지 않고 일정하게 유지되는 경우를 **정상류**(定常流, steady flow)라고 부른다. 흐름의 특성이란 유속, 수심, 유량, 압력, 밀도 등을 말한다. **부정류**(不定流, unsteady flow)는 임의의 점에서 흐름의 특성 중에 어느 한 가지라도 시간에 따라 변하는 흐름을 말한다.

$$\frac{\partial N}{\partial t}=0(\text{정류})\ \frac{\partial N}{\partial t}\neq 0(\text{부정류})$$

등류와 부등류

흐름의 특성이 어느 구간 x에서 일정할 때를 등류(等流, uniform flow)라하며, 어느 구간에서 흐름의 특성이 변하는 흐름을 부등류(不等流, nonuniform flow)라 한다.

$$\frac{\partial N}{\partial x} = 0(\text{등류}) \qquad \frac{\partial N}{\partial x} \neq 0(\text{부등류})$$

층류와 난류

레이놀즈는 흐름의 상태를 무차원양인 레이놀즈 수(Reynolds No.) Re에 의해 구분하였다.

$$Re = \frac{VD}{\nu}$$

여기서 V는 평균유속, D는 관의 직경, ν는 동점성계수이다. 흐름의 상태는,

$Re < 2000$	층류
$2000 < Re < 4000$	천이 영역
$Re > 4000$	난류

07 부등류에 대한 표현으로 가장 적합한 것은? (단, t : 시간, l : 거리, v : 유속)

① $\frac{dv}{dl} = 0$ ② $\frac{dv}{dl} \neq 0$ ③ $\frac{dv}{dt} = 0$ ④ $\frac{dv}{dt} \neq 0$

정답 ②

08 층류와 난류에 관한 설명으로 옳지 않은 것은?

① 층류란 유수(流水)중에서 유선이 평행한 층을 이루는 흐름이다.
② 층류와 난류를 레이놀즈 수에 의하여 구별할 수 있다.
③ 원관 내 흐름의 한계 레이놀즈 수는 약 2000 정도이다.
④ 층류에서 난류로 변할 때의 유속과 난류에서 층류로 변할 때의 유속은 같다.

풀이 층류에서 난류로 변할 때의 유속을 상한계유속, 난류에서 층류로 변할 때의 유속을 하한계유속이라 한다.

정답 ④

09 지름 100 mm인 관에 20℃의 물이 흐를 경우 한계유속은 얼마인가? (단, 물의 온도 20℃에서의 동점성계수는 1×10^{-2} stokes이고 한계 Reynolds 수는 2300이다.)

① 1.65 cm/s ② 2.3 cm/s ③ 23 cm/s ④ 230 cm/s

풀이 $1\text{stokes}=1\ \text{cm}^2/\text{s},\ R_{ec}=\dfrac{V_cD}{\nu}=2300$ 이므로, $\dfrac{V_c(10\ \text{cm})}{1\times10^{-2}}=2300,\ V_c=2.3\ \text{cm/s}$

정답 ②

10 관수로에 물이 흐를 때 층류가 되는 레이놀즈수(Re, reynolds Number)의 범위는?

① Re < 2000
② 2000 < Re <3000
③ 3000 < Re < 4000
④ Re > 4000

정답 ①

11 흐름에 대한 설명 중 틀린 것은?

① 흐름이 층류일 때는 뉴톤의 점성법칙을 따른다.
② 등류란 모든 점에서의 흐름의 특성이 공간에 따라 변하지 않는 흐름이다.
③ 유관이란 개개의 유체입자가 흐르는 경로를 말한다.
④ 유선이란 각 점에서 속도벡터에 접하는 곡선을 연결한 선이다.

풀이 ③은 유적선을 설명한 것이다.

정답 ③

12 안지름 1 cm인 관로에 충만되어 물이 흐를 때 다음 중 층류 흐름이 유지되는 최대유속은?

① 5 cm/s ② 10 cm/s ③ 20 cm/s ④ 40 cm/s

풀이 층류로 흐르기 위한 최대 Re수는 2,000이다.

$$Re=\frac{VD}{\nu}=2000=\frac{V\times1}{0.01},\quad V=20\ \text{cm/s}$$

정답 ③

13 관수로 흐름에서 레이놀즈수가 500보다 작은 경우의 흐름 상태는?

① 상류　② 난류　③ 사류　④ 층류

정답 ④

14 레이놀즈(Reynolds) 수에 대한 설명으로 옳은 것은?

① 중력에 대한 점성력의 상대적인 크기
② 관성력에 대한 점성력의 상대적인 크기
③ 관성력에 대한 중력의 상대적인 크기
④ 압력에 대한 탄성력의 상대적인 크기

정답 ②

15 다음 물의 흐름에 대한 설명 중 옳은 것은?

① 수심은 깊으나 유속이 느린 흐름을 사류라 한다.
② 물의 분자가 흩어지지 않고 질서 정연히 흐르는 흐름을 난류라 한다.
③ 모든 단면에 있어 유적과 유속이 시간에 따라 변하는 것을 정류라 한다.
④ 에너지선과 동수 경사선의 높이의 차는 일반적으로 $\frac{V^2}{2g}$이다.

풀이 ①의 설명은 상류(常流)에서 볼 수 있는 흐름이다. ②의 설명은 층류이다. ③은 부정류에 대한 설명이다.

정답 ④

에너지선과 동수경사선

베르누이방정식에서,

$$\frac{V_1^2}{2g}+\frac{p_1}{\gamma}+z_1=\frac{V_2^2}{2g}+\frac{p_2}{\gamma}+z_2$$

수평기준면으로부터 압력수두와 위치수두를 연결한 선을 동수경사선(hydraulic grade line), 동수경사선에 속도수두 항을 더하여 연결한 선을 에너지선(energy line)이라고 한다.

16 유체의 흐름에 대한 설명으로 옳지 않은 것은?

① 이상유체에서 점성은 무시된다.
② 유관(stream tube)은 유선으로 구성된 가상적인 관이다.
③ 점성이 있는 유체가 계속해서 흐르기 위해서는 가속도가 필요하다.
④ 정상류의 흐름상태는 위치변화에 따라 변화하지 않은 흐름을 의미한다.

풀이 유체는 점성의 여부에 따라 실제유체와 이상유체로 구분된다. 점성이 있는 실제유체는 입자의 상호 운동이 있으면 마찰이 있다.
정상류와 비정상류(부정류) 흐름의 구분은 시간이다.

정답 ④

17 비압축성유체의 연속방정식을 표현한 것으로 가장 올바른 것은?

① $Q = \rho A V$　② $\rho_1 A_1 = \rho_2 A_2$　③ $Q_1 A_1 V_1 = Q_2 A_2 V_2$　④ $A_1 V_1 = A_2 V_2$

풀이 압축성유체의 연속방정식은,
$\rho_1 A_1 V_1 = \rho_2 A_2 V_2$이다. 비압축성인 경우에 밀도 ρ가 상수이다. 즉, $A_1 V_1 = A_2 V_2$이다.

정답 ④

18 3차원 흐름의 연속방정식을 아래와 같은 형태로 나타낼 때 이에 알맞은 흐름의 상태는?

$$\frac{\partial u}{\partial x} + \frac{\partial v}{\partial y} + \frac{\partial w}{\partial z} = 0$$

① 비압축성 정상류　② 비압축성 부정류
③ 압축성 정상류　④ 압축성 부정류

정답 ①

19 일반 유체운동에 관한 연속방정식?

① $\frac{\partial \rho}{\partial t} + \frac{\partial u}{\partial x} + \frac{\partial v}{\partial y} + \frac{\partial w}{\partial z} = 0$　② $\frac{\partial \rho}{\partial t} + \frac{\partial \rho u}{\partial x} + \frac{\partial \rho v}{\partial y} + \frac{\partial \rho w}{\partial z} = 0$

③ $\frac{\partial \rho}{\partial t} + \frac{\partial u}{\partial \rho x} + \frac{\partial v}{\partial \rho y} + \frac{\partial w}{\partial \rho z} = 0$　④ $\frac{\partial u}{\partial x} + \frac{\partial v}{\partial y} + \frac{\partial w}{\partial z} = 0$

정답 ②

연속방정식

3차원 연속방정식

3차원 흐름에 대한 오일러방정식은 1차원 흐름과는 다르게 편미분방정식으로 표시되며 일반적으로 그 해를 직접 구할 수 없다.

수면 아래의 미소직육면체 dx, dy, dz를 검사체적이라고 하자. 이 미소직육면체에 질량보존의 법칙을 적용하기 위해 우선 x방향에 대해 고려하자. 그림에 표시된 단위면적당 질량의 유입과 유출의 차이를 나타내면,

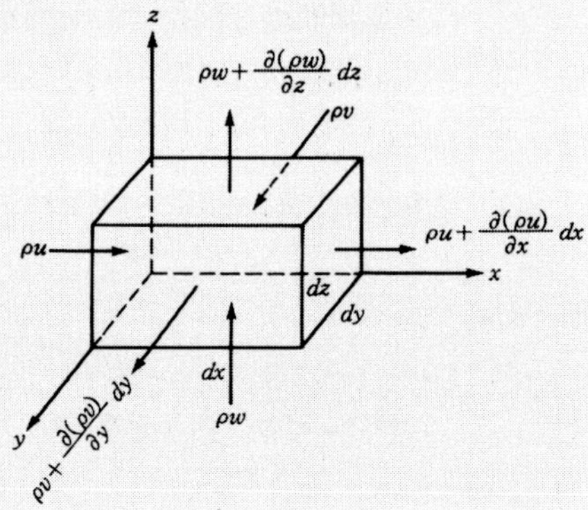

$$\rho u\, dy\, dz - (\rho u + \frac{\partial(\rho u)}{\partial x}dx)dy\, dz = -\frac{\partial(\rho u)}{\partial x}dx\, dy\, dz$$

y방향과 z방향에 대해 같은 방법을 적용하면,

$$-\frac{\partial(\rho v)}{\partial y}dx\, dy\, dz, \quad -\frac{\partial(\rho w)}{\partial z}dx\, dy\, dz$$

이들의 합은 dt시간 동안에 미소직육면체의 질량변화율과 같아야 한다. 이를 식으로 표현하면 다음과 같다.

$$-(\frac{\partial(\rho u)}{\partial x} + \frac{\partial(\rho v)}{\partial y} + \frac{\partial(\rho w)}{\partial z})dx\, dy\, dz \cdots\cdots = \frac{\partial}{\partial t}(\rho dx\, dy\, dz)$$

이 식의 양변을 $dx\, dy\, dz$로 나누면,

$$\frac{\partial(\rho u)}{\partial x} + \frac{\partial(\rho v)}{\partial y} + \frac{\partial(\rho w)}{\partial z} = -\frac{\partial\rho}{\partial t}$$

이 식이 3차원 **연속방정식**이다. 만일 흐름이 정류이면,

$$\frac{\partial(\rho u)}{\partial x} + \frac{\partial(\rho v)}{\partial y} + \frac{\partial(\rho w)}{\partial z} = 0$$

비압축성 유체인 경우에 밀도 ρ가 일정하므로 이 식을 다음과 같이 나타낼 수 있다.

$$\frac{\partial u}{\partial x} + \frac{\partial v}{\partial y} + \frac{\partial w}{\partial z} = 0$$

20 2차원 비압축성 정류의 유속성분 u, v가 보기와 같을 때, 연속방정식을 만족하는 것은?

① $u=4x,\ v=4y$
② $u=4x,\ v=-4y$
③ $u=4x,\ v=6y$
④ $u=4x,\ v=-6y$

풀이 연속방정식은 $\dfrac{\partial u}{\partial x}+\dfrac{\partial v}{\partial y}=0$이다.

① $4+4=8\neq0$ ② $4-4=0$(만족) ③ $4+6=10\neq0$ ④ $4-6=-2\neq0$

정답 ②

21 그림과 같은 수로에서 단면 1의 수심 h_1 = 1 m, 단면 2의 수심 h_2 = 0.4 m라면 단면 2에서의 유속 V_2는? (단, 단면 1과 2의 수로 폭은 같으며, 마찰손실은 무시한다.)

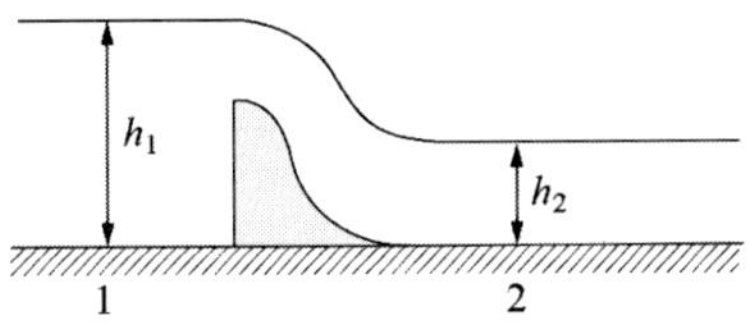

① 3.74 m/s ② 4.05 m/s ③ 5.56 m/s ④ 2.47 m/s

풀이 $Q=A_1V_1=A_2V_2$에서 $bh_1V_1=bh_2V_2$,

$(1)\times V_1=(0.4)V_2,\ \ V_1=0.4V_2$

$z_1+\dfrac{p_1}{\gamma}+\dfrac{V_1^2}{2g}=z_2+\dfrac{p_2}{\gamma}+\dfrac{V_2^2}{2g}$ 에서,

$z_1=z_2=0,\ \ \dfrac{p_1}{\gamma}=h_1,\ \ \dfrac{p_2}{\gamma}=h_2$

$1+\dfrac{(0.4V_2)^2}{2g}=0.4+\dfrac{V_2^2}{2g}$

$V_2=3.74\text{m/s}$

정답 ①

22 압력수두 P, 속도수두 V, 위치수두 Z라고 할 때 정체압력수두 Ps는?

① Ps = P - V - Z
② Ps = P + V + Z
③ Ps = P - V
④ Ps = P + V

정답 ④

23 지름 1 m의 원통 수조에서 지름 2 cm의 관으로 물이 유출되고 있다. 관내의 유속이 2.0 m/s일 때, 수조의 수면이 저하되는 속도는?

① 0.4 cm/s ② 0.3 cm/s ③ 0.08 cm/s ④ 0.06 cm/s

풀이 $Q = A_1 V_1 = A_2 V_2$에서,

$$\frac{3.14 \times 1^2}{4} V_1 = \frac{3.14 \times 0.02^2}{4} 2.0$$

$$V_1 = 0.0008 \text{ m/s} = 0.08 \text{ cm/s}$$

정답 ③

24 어느 유선상에 2점 1, 2가 있다 점 2로부터 점 1로 물이 흐를 때 수두손실(h_L)과 펌프에 의한 에너지 공급(h_p)이 있었다. 이 흐름을 해석하기 위한 베르누이 방정식으로 옳은 것은?

① $\frac{p_1}{\gamma} + \frac{V_1^2}{2g} + z_1 + h_p - h_L = \frac{p_2}{\gamma} + \frac{V_2^2}{2g} + z_2$

② $\frac{p_1}{\gamma} + \frac{V_1^2}{2g} + z_1 = \frac{p_2}{\gamma} + \frac{V_2^2}{2g} + z_2 + \gamma(h_p - h_L)$

③ $\frac{p_1}{\gamma} + \frac{V_1^2}{2g} + z_1 = \frac{p_2}{\gamma} + \frac{V_2^2}{2g} + z_2 + h_L + h_p$

④ $\frac{p_1}{\gamma} + \frac{V_1^2}{2g} + z_1 + h_L = \frac{p_2}{\gamma} + \frac{V_2^2}{2g} + z_2 + h_p$

풀이 일반적으로 점 2로부터 점 1로 물이 흐를 때 베르누이 방정식을 적용, 펌프가 일하고 손실수두가 발생한다. 이를 나타내면 다음과 같고 문제에 적합한 형태로 정리하면 된다.

$$\frac{p_2}{\gamma} + \frac{V_2^2}{2g} + z_2 + h_p = \frac{p_1}{\gamma} + \frac{V_1^2}{2g} + z_1 + h_L$$

$$\frac{p_2}{\gamma} + \frac{V_2^2}{2g} + z_2 + h_p - h_L = \frac{p_1}{\gamma} + \frac{V_1^2}{2g} + z_1$$

정답 ①

25 베르누이 정리를 $\frac{\rho}{2} V^2 + wZ + P = H$로 표현할 때, 이 식에서 정체압(stagnation pressure)은?

① $\frac{\rho}{2} V^2 + wZ$ 로 표시한다. ② $\frac{\rho}{2} V^2 + P$ 로 표시한다.

③ $wZ + P$ 로 표시한다. ④ P로 표시한다.

정답 ②

26 베르누이 정리(Bernoulli's theorem)에 관한 표현식 중에 틀린 것은? (단, z : 위치수두, $\frac{p}{w}$: 압력수두, $\frac{v^2}{2g}$: 속도수두, H_e : 수차에 의한 유효낙차, H_p : 펌프의 총양정, h : 손실수두, 유체는 점 1에서 점 2로 흐른다.)

① 실제유체에서 손실수두를 고려할 경우 : $z_1 + \frac{p_1}{w} + \frac{v_1^2}{2g} = z_2 + \frac{p_2}{w} + \frac{v_2^2}{2g} + h$

② 두 단면 사이에 수차(turbine)를 설치할 경우 : $z_1 + \frac{p_1}{w} + \frac{v_1^2}{2g} = z_2 + \frac{p_2}{w} + \frac{v_2^2}{2g} + (H_e + h)$

③ 두 단면 사이에 펌프(pump)를 설치할 경우 : $z_1 + \frac{p_1}{w} + \frac{v_1^2}{2g} = z_2 + \frac{p_2}{w} + \frac{v_2^2}{2g} + (H_p + h)$

④ 베르누이 정리를 압력항으로 표현할 경우 : $\rho g z_1 + p_1 + \frac{\rho v_1^2}{2} = \rho g z_2 + p_2 + \frac{\rho v_2^2}{2}$

정답 ③

정체압력

베르누이방정식에서,

$$\frac{V_1^2}{2g} + \frac{p_1}{\gamma} + z_1 = \frac{V_2^2}{2g} + \frac{p_2}{\gamma} + z_2$$

양변을 단위중량 γ로 곱하여 정리하면,

$$\frac{\rho V_1^2}{2} + p_1 + \rho g z_1 = \frac{\rho V_2^2}{2} + p_2 + \rho g z_2$$

p를 정압력(static pressure), $\frac{\rho V^2}{2}$을 동압력(dynamic pressure), $\rho g z$를 위치압력(또는 정수압, potential pressure), $\frac{\rho V^2}{2} + p$를 정체압력이라 한다.

27 유속이 3 m/s인 유수 중에 유선형 물체가 흐름방향으로 향하여 $h=3$ m 깊이에 놓여 있을 때 정체압력(stagnation pressure)은?

① 0.46 kN/m² ② 12.21 kN/m² ③ 33.90 kN/m² ④ 102.35 kN/m²

풀이 정체압력은 $p+\dfrac{\rho V^2}{2}$ 이다. 즉,

$$(9800)(3)+\frac{(1000)(3^2)}{2}=33900\text{N/m}^2$$

$$=33.9\text{ kN/m}^2$$

정답 ③

28 베르누이 정리가 성립하기 위한 조건으로 틀린 것은?

① 압축성 유체에 성립한다.
② 유체의 흐름은 정상류이다.
③ 개수로 및 관수로 모두에 적용된다.
④ 하나의 유신에 대하여 성립힌다.

정답 ①

29 그림에서 손실수두가 $\dfrac{3V^2}{2g}$ 일 대 지름 0.1 m의 관을 통과하는 유량은? (단, 수면은 일정하게 유지된다.)

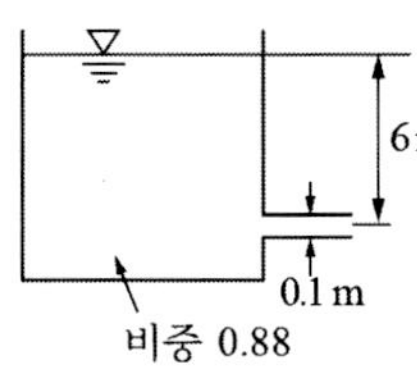

① 0.0399 m³/s ② 0.0426 m³/s
③ 0.0798 m³/s ④ 0.085 m³/s

풀이 수면과 오리피스 출구에 베르누이방정식을 적용하면,

$$z_1+\frac{p_1}{w}+\frac{v_1^2}{2g}=z_2+\frac{p_2}{w}+\frac{V^2}{2g}+h_l \text{이다.}$$

여기서 $z_1+\dfrac{p_1}{w}=6\text{ m},\ v_1=0,$

$z_2+\dfrac{p_2}{w}=0$이다.

즉, $6=\dfrac{V^2}{2g}+\dfrac{3V^2}{2g}=\dfrac{4V^2}{2g}=\dfrac{2V^2}{9.8}$

$V=5.4\text{ m/s},$

$$Q=AV=\frac{\pi 0.1^2}{4}(5.4)=0.0424\text{ m}^3/\text{s}$$

정답 ②

30 토리첼리(Torricelli) 정리는 다음 중 어느 것을 이용하여 유도할 수 있는가?

① 파스칼 원리 ② 아르키메데스 원리
③ 레이놀즈 원리 ④ 베르누이 정리

풀이 토리첼리가 실험에 의해 먼저 발표하였으며 베르누이방정식을 적용하여 유도할 수 있다.

정답 ④

31 지름 2 m인 원형수조의 측벽 하단부에 지름 50 mm의 오리피스가 설치되어 있다. 오리피스 중심으로부터 수위를 50 cm로 유지하기 위하여 수조에 공급해야할 유량은? (단, 유출구의 유량계수는 0.75이다)

① 7.62 L/sec ② 6.61 L/sec ③ 5.61 L/sec ④ 4.61 L/sec

풀이 오리피스 내에서 수위가 일정하게 유지되기 위해 오리피스를 통해 유출되는 유량과 수조에 공급될 유량이 같아야 함. 즉,

$$Q = CAV = CA\sqrt{2gh}$$

$$= (0.75)\left(\frac{3.14 \times 0.05^2}{4}\right)\sqrt{2 \times 9.8 \times 0.5}$$

$$= 0.00461\ \mathrm{m^3/s}$$

$$Q = 0.00461\ \mathrm{m^3/s} \times 1000 = 4.61\ \mathrm{L/sec}$$

정답 ④

32 수평으로 관 A와 B가 연결되어 있다. 관 A에서 유속은 2 m/s, 관 B에서 유속은 3 m/s이며, 관 B에서 유체압력이 9.8 kN/m^{2}이라 하면 관 A에서 유체압력은? (단, 에너지 손실은 무시한다.)

① 2.5 kN/m^2 ② 12.3 kN/m^2 ③ 22.6 kN/m^2 ④ 37.6 kN/m^2

풀이 수평으로 놓여 있으므로 위치수두는 동일하다. 그러므로,

$$\frac{2^2}{2 \times 9.8} + \frac{p_A}{9.8} = \frac{3^2}{2 \times 9.8} + \frac{9.8}{9.8}$$

$$p_A = 12.3\ \mathrm{kN/m^2}$$

정답 ②

33 오리피스(orifice)의 이론유속 $V=\sqrt{2gh}$ 이 유도되는 이론으로 옳은 것은? (단, V : 유속, g : 중력가속도, h : 수두차)

① 베르누이(Bernoulli) 정리　　② 레이놀즈(Reynolds)의 정리
③ 벤츄리(Venturi)의 이론식　　④ 운동량 방정식 이론

정답 ①

베르누이방정식과 토리첼리 정리

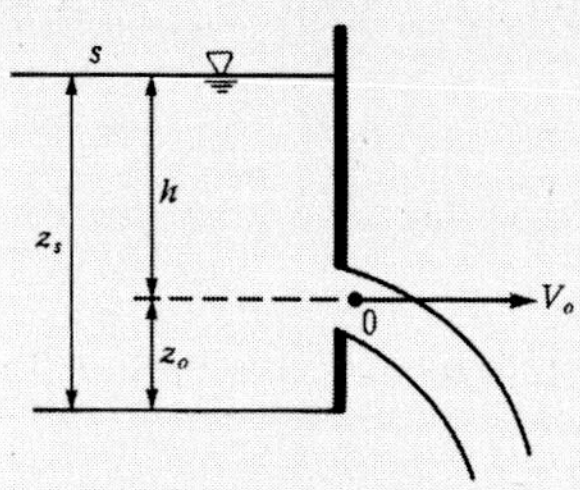

수면 s와 출구지점 0 사이에 베르누이방정식을 적용하면,

$$\frac{V_s^2}{2g}+\frac{p_s}{\gamma}+z_s=\frac{V_0^2}{2g}+\frac{p_0}{\gamma}+z_0$$

그림에서 $z_s-z_0=h$, $p_0=p_s=$대기압, $V_s=0$이므로, $h=\dfrac{V_0^2}{2g}$, $V_0=\sqrt{2gh}$ 이다.

베르누이방정식을 적용하여 구한 것이지만 1643년 토리첼리가 실험에 의해 먼저 발표한 것이다. 이를 토리첼리 정리라고 부른다.

34 수면에서 깊이 2.5 m에 정사각형단면이 오리피스를 설치하여 0.042 m^3/s의 물을 유출시킬 때 정사각형단면에서 한 변의 길이는? (단, 유량계수는 0.60이다)

① 10.0 cm　　② 14.0 cm　　③ 18.0 cm　　④ 22.0 cm

풀이 $Q=CAV$

$=0.6\times a^2\times\sqrt{2\times9.8\times2.5}=0.042\ \mathrm{m^3/s}$

$a=0.1\ \mathrm{m}=10\ \mathrm{cm}$

정답 ①

35 오리피스(orifice)의 이론과 가장 관계가 먼 것은?

① 토리첼리(Torricelli) 정리　　② 베르누이(Bernoulli) 정리
③ 베나콘트랙타(Vena Contracta)　　④ 모세관현상의 원리

정답 ④

36 그림과 같은 수로의 단위폭당 유량은? (단, 유출계수 $C=1$이며 이외 손실은 무시함)

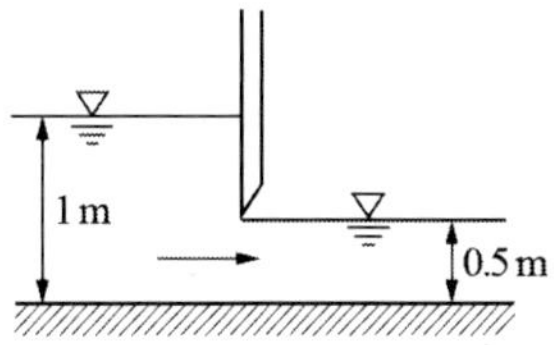

① 2.5 $m^3/s/m$　　② 1.6 $m^3/s/m$　　③ 2.0 $m^3/s/m$　　④ 1.2 $m^3/s/m$

풀이 연속방정식을 적용하면, $q = V_1h_1 = V_2h_2$, 유속 V_1과 V_2로 나타내면, $V_1 = q/h_1$, $V_2 = q/h_2$이다. 베르누이방정식을 적용하여 대입하면,

$$\frac{V_1^2}{2g} + h_1 = \frac{V_2^2}{2g} + h_2,$$

$$\frac{q^2}{2gh_1^2} + h_1 = \frac{q^2}{2gh_2^2} + h_2,$$

q에 관해 정리하여 계산하면,

$$q = h_1\, h_2 \sqrt{\frac{2g}{h_1 + h_2}}$$

$$q = (1)(0.5)\sqrt{\frac{2(9.8)}{1+0.5}} = 1.8\ \mathrm{m^3/s/m}$$

정답 없음

37 다음 중 베르누이(Bernoulli)의 정리를 응용한 것이 아닌 것은?

① 토리첼리(Torricelli)의 정리　　② 피토관(Pitot tube)
③ 벤츄리미터(Venturimeter)　　④ 파스칼(Pascal)의 원리

정답 ④

38 그림과 같은 노즐에서 유량을 구하기 위한 식으로 옳은 것은? (단, 유량계수는 1.0으로 가정한다.)

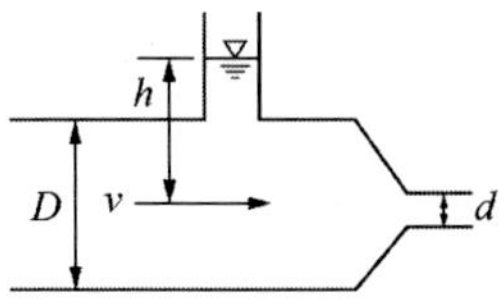

① $\frac{\pi d^4}{4}\sqrt{\frac{2gh}{1-(d/D)^2}}$　② $\frac{\pi d^4}{4}\sqrt{\frac{2gh}{1-(d/D)^4}}$

③ $\frac{\pi d^4}{4}\sqrt{\frac{2gh}{1+(d/D)^2}}$　④ $\frac{\pi d^4}{4}\sqrt{2gh}$

풀이 관 중심을 기준으로 베르누이방정식을 적용하면,

$$z_1+\frac{p_1}{\gamma}+\frac{V_1^2}{2g}=z_2+\frac{p_2}{\gamma}+\frac{V_2^2}{2g}\text{ 이다.}$$

$z_1=z_2=0$, $\frac{p_1}{\gamma}=h$, $p_2=0$(대기 중)이므로, $h+\frac{V_1^2}{2g}=\frac{V_2^2}{2g}$이며 $V_1=\left(\frac{d}{D}\right)^2V_2$를 대입하여 정리하면,

$$V_2=\sqrt{\frac{2gh}{1-(\frac{d}{D})^4}}\text{ 이다. } Q=\frac{\pi d^2}{4}\sqrt{\frac{2gh}{1-(\frac{d}{D})^4}}$$

정답 ②

39 길이 5 m, 폭 2 m, 4각형 단면 수조의 중간에 수직판을 설치하여 수조의 길이를 1 : 4로 나누어 막았다. 이때 수직판의 아래쪽에 단면적인 70 cm²인 오리피스를 설치하여 물을 유출시킨다. 작은 수조의 수면이 큰 수조의 수면보다 3.5 m 높을 때부터 2개 수조의 수면차가 70 cm가 될 때까지 소요되는 시간은? (단, 오리피스의 유량계수는 0.61로 한다.)

① 175 sec　② 192 sec　③ 252 sec　④ 271 sec

풀이 $A_1=1\times2=2\text{ m}^2$, $A_2=4\times2=8\text{ m}^2$

배수시간

$$t=\frac{2A_1A_2}{Ca\sqrt{2g}(A_1+A_2)}(H^{1/2}-h^{1/2})$$

$$=\frac{2\times2\times8}{0.61\times(70/10000)\sqrt{2\times9.8}(2+8)}\times(3.5^{1/2}-0.7^{1/2})$$

$$=175\text{ s}$$

정답 ①

40 기준면에서 위로 5 m 떨어진 곳에서 5 m/s로 물이 흐르고 있을 때 압력을 측정하였더니 0.5 kg/cm²이었다. 이때 전수두(total head)는?

① 6.28 m ② 8.00 m ③ 10.00 m ④ 11.28 m

풀이 $z+\frac{p}{\gamma}+\frac{V^2}{2g}=5m+\frac{5t/m^2}{1t/m^3}+\frac{5^2}{2\times 9.8}$

$=11.28\text{ m}$

정답 ④

수중 오리피스 배수시간

그림과 같이 수조 ①과 수조 ②의 하단부에 오리피스로 연결되어 있다. 수조 ①의 높이가 H_1, 수조 ②의 높이가 H_2이며 초기($t=0$)에 수위차 $H=(H_1-H_2)$가 H_0이다. 시간 dt에서 수위차 H라 할 때 임의시간 t를 구하는 문제를 살펴보자.

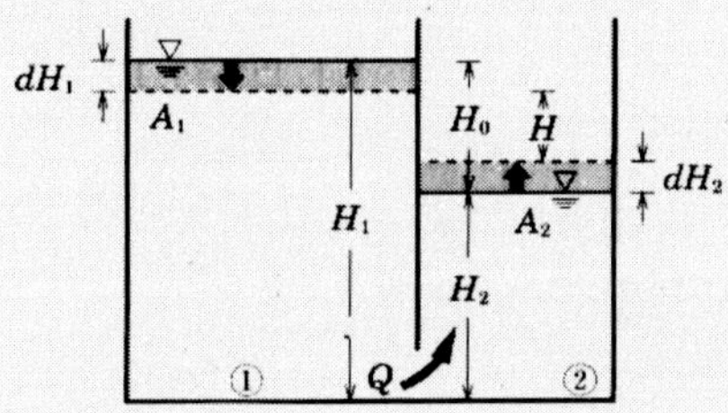

시간 dt에서 수조 ①은 A_1dH_1 만큼 감소하고 수조 ②는 A_2dH_2만큼 증가한다. 이 때 오리피스를 통해서 흘러가는 부피는 Qdt이다. (-)부호는 감소를 의미한다. 이 관계를 식으로 나타내면,

$$-A_1dH_1=A_2dH_2=Qdt \quad \cdots\cdots (1)$$

$H=H_1-H_2$이므로

$$dH=dH_1-dH_2 \quad \cdots\cdots (2)$$

식(1)과 (2)에서,

$$dH=dH_1-dH_2=-\left(\frac{Qdt}{A_1}+\frac{Qdt}{A_2}\right)$$

$$=-Q\left(\frac{1}{A_1}+\frac{1}{A_2}\right)dt=-Q\left(\frac{A_1+A_2}{A_1A_2}\right)dt \quad \cdots\cdots (3)$$

오리피스(단면적 a)를 통해서 흐르는 유량은,

$$Q=Ca\sqrt{2gH} \quad \cdots\cdots (4)$$

식(4)를 식(3)에 대입하여 정리하면,

$$dH = -Ca\sqrt{2gH}\left(\frac{A_1 + A_2}{A_1 A_2}\right)dt \quad \cdots\cdots (5)$$

식(5)를 dt에 관해 정리하여 적분하면,

$$dt = -\frac{A_1 A_2}{Ca\sqrt{2gH}(A_1 + A_2)}dH$$

$$t = -\frac{A_1 A_2}{Ca(A_1 + A_2)\sqrt{2g}}\int_{H_1}^{H_2} H^{-1/2} dH$$

$$= \frac{2A_1 A_2}{Ca(A_1 + A_2)\sqrt{2g}}(H_1^{1/2} - H_2^{1/2}) \quad \cdots\cdots (6)$$

41 정상류에서 1개 유선상의 유체입자에 대하여 그 속도수두를 $\frac{V^2}{2g}$, 위치수두를 Z, 압력수두를 $\frac{p}{\gamma}$라고 할 때 동수경사는?

① $\frac{V^2}{2g}+Z$를 연결한 값이다.

② $\frac{V^2}{2g}+\frac{p}{\gamma}+Z$를 연결한 값이다.

③ $\frac{p}{\gamma}+Z$를 연결한 값이다.

④ $\frac{V^2}{2g}+\frac{p}{\gamma}$를 연결한 값이다.

정답 ③

42 한 유선상에서의 속도수두를 $\frac{V^2}{2g}$, 압력수두를 $\frac{P}{\omega}$, 위치수두를 Z라 할 때 동수경사선(E)을 표시하는 식은? (단, V는 유속, P는 압력, ω는 단위중량, g는 중력가속도, Z는 기준면으로부터의 높이이다.)

① $\frac{V^2}{2g}+\frac{P}{\omega}+Z=E$

② $\frac{V^2}{2g}+\frac{P}{\omega}=E$

③ $\frac{V^2}{2g}+Z=E$

④ $\frac{P}{\omega}+Z=E$

정답 ④

43 에너지선에 대한 설명으로 옳은 것은?

① 언제나 수평선이 된다.
② 동수경사선보다 아래에 있다.
③ 속도수두와 위치수두의 합을 의미한다.
④ 동수경사선보다 속도수두만큼 위에 위치하게 된다.

정답 ④

44 그림과 같은 모양의 분수(噴水)를 만들었을 때 분수의 높이(H_v)는? (단, 유속계속 C_v는 0.96으로 한다.)

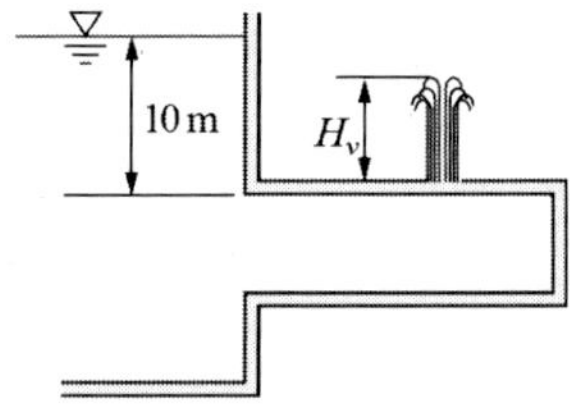

① 10.0 m ② 9.6 m ③ 9.22 m ④ 9.0 m

풀이 관에서 유속이 막혀서 위치수두로 변한 것으로 판단하면 된다.

$$v = C_v\sqrt{2gh} = 0.96\sqrt{2\times9.8\times10} = 13.44\ \mathrm{m/s}$$

$$H_v = \frac{v^2}{2g} = \frac{13.44^2}{2\times9.8} = 9.22\ \mathrm{m}$$

정답 ③

45 보기의 가정 중 방정식 $\sum F_x = \rho Q(v_2 - v_1)$에서 성립되는 가정으로 옳은 것은?

(보기)	
가. 유속은 단면 내에서 일정하다.	나. 흐름은 정류(定流)이다.
다. 흐름은 등류(等流)이다.	라. 유체는 압축성이며 비점성 유체이다.

① 가, 나 ② 가, 라 ③ 나, 라 ④ 다, 라

정답 ①

46 그림과 같이 유량이 Q, 유속이 V인 유관이 받는 외력 중에서 y축 방향의 힘(Fy)에 대한 계산식으로 옳은 것은? (단, ρ : 단위밀도, θ_1 및 $\theta_2 \leq 90^o$, 마찰력은 무시함.)

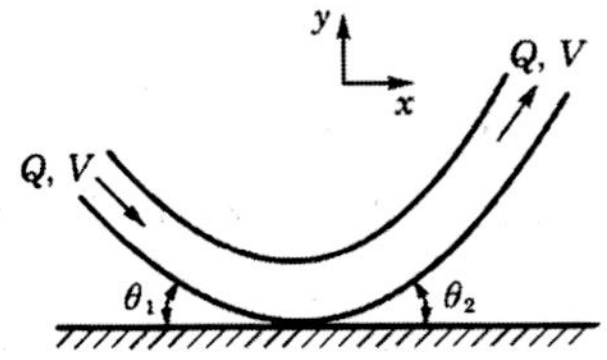

① $F_y = \rho QV(\sin\theta_2 - \sin\theta_1)$　　② $F_y = -\rho QV(\sin\theta_2 - \sin\theta_1)$

③ $F_y = \rho QV(\sin\theta_2 + \sin\theta_1)$　　④ $F_y = QV(\sin\theta_2 + \sin\theta_1)/\rho$

풀이 $\sum F = \rho Q(V_2 - V_1)$에서 $V = V_1 = V_2$

$F_y = \rho Q(V_2\sin\theta_2 - (-V_1\sin\theta_1))$

$= \rho QV(\sin\theta_2 + \sin\theta_1)$

정답 ③

운동량방정식

검사체적을 점유하고 있는 유체에 뉴턴의 운동 제 2법칙을 적용한다. 이 법칙은 질량 m을 갖는 물체가 가속도 α로 이동하는 데 필요한 힘 F를 의미한다. 이를 식으로 나타내면,

$$\sum F = m\alpha = m\frac{V_2 - V_1}{\Delta t}$$

$$\sum F\Delta t = m(V_2 - V_1)$$

여기서 $\sum F$는 검사체적, 또는 검사표면에 작용하는 힘의 합이며, $\sum F\Delta t$를 역적(impulse)이라 하며, mV를 운동량(momentum)이라 한다. 이 식에서 운동량의 변화는 역적과 같다는 의미이며 이를 운동량방정식(momentum equation)이라고 한다. 이 식을 다른 형태로 표현하면,

$$\sum F = \rho Q(V_2 - V_1)$$

47 Δt 시간 동안에 질량 m인 물체에 속도변화 Δv가 발생할 때, 이 물체에 작용하는 외력 F는?

① $\dfrac{m \cdot \Delta t}{\Delta v}$　② $m \cdot \Delta v \cdot \Delta t$　③ $\dfrac{m \cdot \Delta v}{\Delta t}$　④ $m \cdot \Delta t$

정답 ③

48 그림에서 판에 가해지는 힘(F_x)의 크기는? (단, 제트의 유량과 유속은 각각 $Q=10\text{m}^3/\text{s}$, $V=10$ m/s이다.)

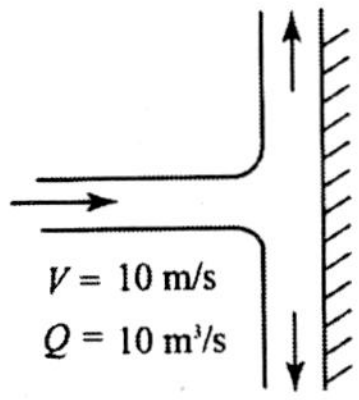

① 9.8 t　　② 10.2 t　　③ 10.5 t　　④ 11.2 t

풀이 $\sum F_x = \rho Q(V_2 - V_1)$,

$-F_x = \dfrac{1}{9.8}(10)(0-10) = -10.2\,\text{t}$,

$F_x = 10.2\,\text{t}$

정답 ②

49 원형 단면의 수맥이 그림과 같이 곡면을 따라 유량 0.018 m³/s가 흐를 때 x방향의 분력은? (단, 관내의 유속은 9.8 m/s, 마찰은 무시한다.)

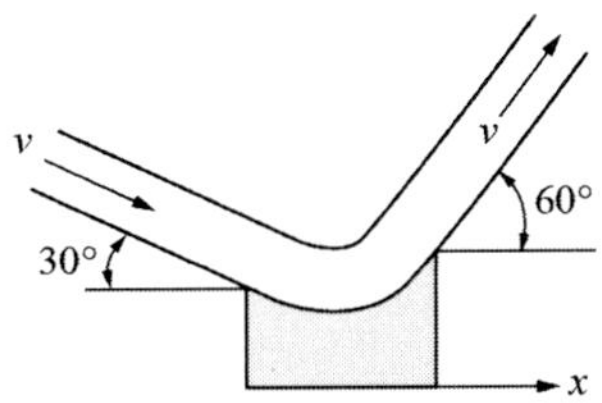

① −18.25 N　　② 37.83 N　　③ −64.56 N　　④ 17.64 N

풀이 $F_x = \rho Q(v_{2x} - v_{1x}) = \dfrac{\gamma}{g} Q(v_{2x} - v_{1x})$

$-F_x = \dfrac{9800}{9.8} 0.018(9.8\cos 60° - 9.8\cos 30°)$

$= -64.57\,\text{N}$

$F_x = 64.57\,\text{N}(\leftarrow)$

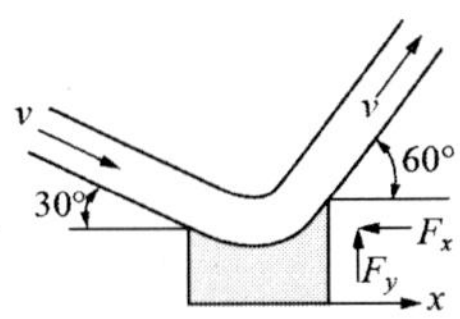

정답 ③

50 그림과 같이 여수로(餘水路) 위로 단위폭당 유량 $Q=3.27\ m^3/sec$가 월류할 때 ①단면의 유속 $V_1=2.04$ m/s, ②단면의 유속 $V_2=4.67$ m/s라면, 댐에 가해지는 수평성분의 힘은? (단, 무게 1 kg=10 N이고, 이상유체로 가정한다.)

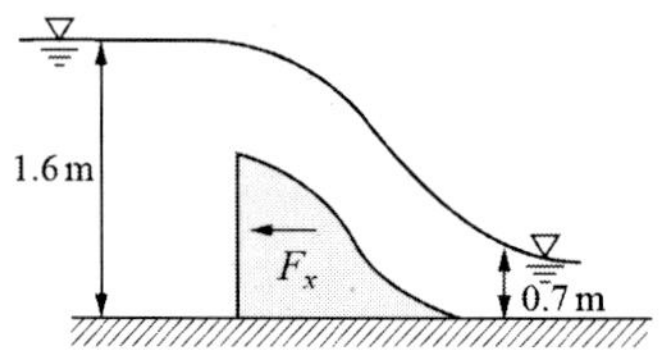

① 1570 N/m(157 kg/m) ② 2450 N/m(245 kg/m)

③ 6470 N/m(647 kg/m) ④ 12800 N/m(1280 kg/m)

풀이 $1kg=10N$로 가정하였으므로 힘 kg 단위로 계산한다. 운동량방정식을 적용하면,

$\sum F_x=\rho Q(V_2-V_1)$, $-F_x+\gamma h_{G1}A_1-\gamma h_{G2}A_2=\rho Q(V_2-V_1)$

$-F_x+(1000\frac{1.6}{2}1.6)-(1000\frac{0.7}{2}0.7)=(\frac{1000}{9.8})(3.27)(4.67\quad 2.04)$

$F_x=157$ kg/m(1570 N/m)

정답 ①

51 그림과 같은 유출구에서 약간 떨어져 설치한 원추형 콘을 유지시키는데 필요한 힘 P는? 단, 콘의 무게는 무시한다.

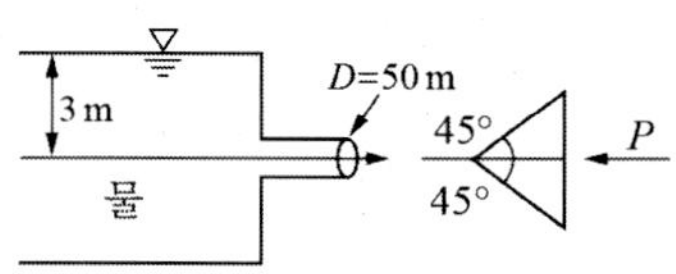

① 6.92 kg ② 5.21 kg ③ 4.34 kg ④ 3.46 kg

풀이 유속 $V=\sqrt{2\times9.8\times3}=7.67$ m/s,

$Q=\frac{\pi\times0.05^2}{4}\times7.67=0.015\ m^3/s$

$V_2=7.67\cos45^o=5.42$ m/s,

$-P=\frac{\gamma}{g}Q(V_2-V_1)$

$=\frac{1000}{9.8}0.015(5.42-7.67)=-3.44$ kg

$P=3.44$ kg

정답 ④

52 흐르는 물속에 연직으로 세운 두 고정 평행판 상의 흐름에 대한 설명으로 옳은 것은?

① 전단응력과 유속분포는 전단면에서 일정하다.

② 전단응력과 유속분포는 판의 벽에서 0이고 판과 판의 중점을 향해서 직선 형태로 변한다.

③ 전단응력과 유속분포는 전단면에서 포물선 형태로 분포한다.

④ 전단응력은 두 판의 중점에서 0이고, 중점으로부터 거리에 따라서 직선 형태로 분포하며, 유속은 중점에서 최대인 포물선 형태로 분포한다.

풀이 일반적으로 전단력은 벽면에서 최대이고 중심에서 0이며 직선분포한다. 유속은 벽면에서 0기고 중심에서 최대이며 포물선 분포를 한다.

정답 ④

에너지 보정계수와 운동량 보정계수

흐름 해석을 단순화하기 위해서 이상유체로 가정하여 유속분포를 단면에 대해 일정한 것으로 하였다. 그러나 실제흐름은 이상유체와 달리 유속분포가 균일하지 않고 경계면 부근에서 유속이 작고 경계면에서 멀어질수록 유속이 커지는 곡선형이다. 베르누이 방정식이나 운동량 방정식을 유도하기 위해 유속이 단면에 대해 일정하다고 가정하였다. 실제유체 흐름에 이들 방정식을 적용하기 위해서는 유속을 보정해 주어야 한다.

$$\alpha_1 \frac{V_1^2}{2g} + \frac{p_1}{\gamma} + z_1 = \alpha_2 \frac{V_2^2}{2g} + \frac{p_1}{\gamma} + z_2 + h_f$$

$$\sum F = \rho Q(\beta_2 V_2 - \beta_1 V_1)$$

에너지 보정계수 α와 운동량보정계수 β 값은 각각 1.03~1.36, 1.01~1.12의 사이에 존재한다. 실질적인 문제에서 통상적으로 $\alpha=\beta=1$로 가정하여 문제를 해결한다. 실제 흐름은 대부분 난류이며 난류인 경우에 α와 β 값은 1에 가깝다.

층류 저층

난류가 매끈한 경계면 위로 흐를 때 흐름은 2개 층, 층류저층과 난류 흐름 영역으로 구분된다. 층류저층 영역에서 경계면이 난류의 자유로운 혼합을 억제하는 효과를 주기 때문에 난류가 제거되고 얇은 층류 막(film)이 형성되는 것으로 알려져 있다. 층류저층 내에서의 흐름은 뉴턴의 마찰법칙으로 나타낼 수 있다. 난류가 형성된 영역에서의 전단응력에 대해서는 Prandtl이나 Karman에 의해 제안된 식을 사용한다. 실제로 이를 명확하게 구분할 수 없으며 그 사이에 천이영역이 존재한다. 층류저층의 두께는 명확하지 않다. 거친 경계면 위로 난류가 흐를 경우에도 층류저층의 두께가 형성되는데, 이때 흐름은 경계면 조도와 층류저층의 상대적 크기에 따라서 결정된다.

53 에너지 보정계수(α)와 운동량 보정계수(β)에 대한 설명으로 옳지 않은 것은?

① α는 속도수두를 보정하기 위한 무차원 상수이다.

② α는 운동량을 보정하기 위한 무차원 상수이다.

③ 실제유체 흐름에서는 $\alpha > \alpha > 1$이다.

④ 이상유체에서는 $\alpha = \alpha = 1$이다.

풀이 실제유체에서,

$\alpha = 1.03 - 1.36$, $\beta = 1.01 - 1.12$이다.

정답 ③

54 경계층에 대한 설명으로 틀린 것은?

① 전단저항은 경계층 내에서 발생한다.

② 경계층 내에서는 층류가 존재할 수 없다.

③ 이상유체일 경우는 경계층은 존재하지 않는다.

④ 경계층에서는 레이놀즈(Reynolds) 응력이 존재한다.

정답 ②

55 에너지 보정계수에 대한 설명으로 옳은 것은? (단, A : 흐름 단면적, v : 미소 유관의 유속, V : 평균 유속, dA : 미소유관의 흐름단면적)

① 연속방정식에 적용된다.

② 속도수두의 단위를 갖고 있다.

③ $\frac{1}{A}\int_A \left(\frac{v}{V}\right)^3 dA$로 표시된다.

④ $\frac{1}{A}\int_A \left(\frac{v}{V}\right)^2 dA$로 표시된다.

정답 ③

CHAPTER 04

관수로 흐름

01 원형 관수로 내의 층류 흐름에 관한 설명으로 옳은 것은?

① 속도분포는 포물선이며, 유량은 지름의 4제곱에 반비례한다.
② 속도분포는 대수분포 곡선이며, 유량은 압력강하량에 반비례한다.
③ 마찰응력 분포는 포물선이며, 유량은 점성계수와 관의 길이에 반비례한다.
④ 속도분포는 포물선이며, 유량은 압력강하량에 비례한다.

풀이 층류에 대해, $Q=\dfrac{\pi D^4 \gamma h_f}{128\mu l}=\dfrac{\pi D^4 \Delta p}{128\mu l}$ 이고 속도분포는 포물선, 마찰응력은 선형분포이다.

정답 ④

02 직경 20cm인 관수로에 39.25 cm^3/s의 유량이 흐를 때 동점성계수가 $\nu=1.0\times10^{-2}$ cm^2/s이면 마찰손실계수 f는?

① 0.010 ② 0.025 ③ 0.256 ④ 0.560

풀이 유속 $V=\dfrac{Q}{A}=\dfrac{39.25}{\pi(20^2/4)}=0.125\text{ cm/s}$, $Re=\dfrac{VD}{\nu}=\dfrac{0.125\times20}{1.0\times10^{-2}}=250$(층류)

$f=\dfrac{64}{250}=0.256$

정답 ③

03 관수로에서 관의 마찰손실계수가 0.02, 관의 지름이 40 cm일 때, 관내 물의 흐름이 100 m를 흐르는 동안에 2 m의 마찰손실수두가 발생하였다면 관내의 유속은?

① 0.3 m/s　　② 1.3 m/s
③ 2.8 m/s　　④ 3.8 m/s

풀이 $h_l = f\frac{l}{d}\frac{V^2}{2g}$, $2 = 0.02\frac{100}{0.4}\frac{V^2}{2\times 9.8}$

$V = 2.8\text{ m/s}$

정답 ③

Hagen-Poiseulle 법칙

$$Q = \frac{\pi D^4 \gamma h_f}{128\mu l} = \frac{\pi D^4 \Delta P}{128\mu l}$$

Hagen과 Poiseulle은 실험에 의하여 이 식을 입증하였으며 Hagen-Poiseulle 법칙으로 부른다. 원관 내의 층류에 대한 유량공식으로 유량은 점성계수에 반비례하고 직경의 4승과 단위길이당 압력강하에 비례함을 알 수 있다.

이 식을 평균유속 V에 관해 정리하면,

$$V = \frac{\Delta p}{8\mu l}R^2 = \frac{p_1 - p_2}{8\mu l}R^2 = \frac{\gamma h_f}{32\mu l}D^2$$

여기서 $\Delta p(=\gamma h_f)$는 압력강하량이다. 이 식을 손실수두 h_f에 관해 정리하면,

$$h_f = \frac{64}{Re}\frac{l}{D}\frac{V^2}{2g}$$

이다. 이 식에서 $\frac{64}{Re}$를 마찰손실계수 f라고 하면, $h_f = f\frac{l}{D}\frac{V^2}{2g}$이다. 이 식을 원관 내에서 마찰손실수두를 구하는 식으로 Darcy-Weisbach 공식이라고 부른다. 이때 마찰손실계수 $f = \frac{64}{Re}$이며 흐름이 층류인 경우에 한하여 사용된다.

04 층류영역에서 사용 가능한 마찰손실계수의 산정식은? (단, Re : Reynolds 수)

① $\frac{1}{Re}$　　② $\frac{4}{Re}$　　③ $\frac{24}{Re}$　　④ $\frac{64}{Re}$

정답 ④

05 그림과 같이 반지름 R인 원형관에서 물이 층류로 흐를 때 중심부에서의 최대속도를 V라 할 경우 평균속도 V_m은?

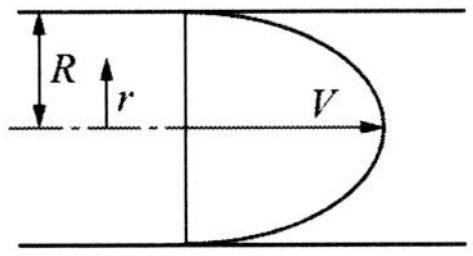

① $V_m = \frac{V}{2}$ ② $V_m = \frac{V}{3}$ ③ $V_m = \frac{V}{4}$ ④ $V_m = \frac{V}{5}$

정답 ①

평균유속과 최대유속

뉴턴의 점성법칙에서 $\tau = -\mu \frac{dv}{dr}$이다. 이 식을 $\tau = (\frac{\gamma h_f}{2l})r$과 같다고 놓고, v에 관해 적분하면, $v = -(\frac{\gamma h_f}{4\mu l})r^2 + C$ 이다. 경계조건 $r=0$일 때 $v = v_C$를 이용하면 적분상수 $C = v_C$가 된다. 따라서, $v = v_C - (\frac{\gamma h_f}{4\mu l})r^2 = v_C - Kr^2$ 이다.

관벽 $r = R$에서 유속 $v=0$을 이용하면 K는 $K = \frac{v_C}{R^2}$ 이다. 이 값을 윗 식에 대입하여 정리하면, $v = v_C[1-(\frac{r}{R})^2]$ 이다. 원형 단면에서 유속분포식이며 포물선 형태임을 알 수 있다. 이 유속분포식을 다음 식에 대입하면 다음과 같다.

$$Q = AV = \pi R^2 V = \int_0^R v\, dA$$
$$= \int_0^R v_C[1-(\frac{r}{R})^2]\, 2\pi r\, dr = \frac{v_C}{2}\pi R^2$$

이 식으로부터 평균유속과 관 중심의 최대유속과의 관계를 알 수 있다. 즉, $V = \frac{v_C}{2}$이다.

06 관 벽면의 마찰력 τ_0, 유체의 밀도 ρ, 점성계수를 μ라할 때 마찰속도(U_*)는?

① $\frac{\tau_0}{\rho\mu}$ ② $\sqrt{\frac{\tau_0}{\rho\mu}}$ ③ $\sqrt{\frac{\tau_0}{\rho}}$ ④ $\sqrt{\frac{\tau_0}{\mu}}$

정답 ③

07 경심이 5 m이고 동수경사가 1/200인 관로에서 Reynolds 수가 1000인 흐름의 평균유속은?

① 0.70 m/s ② 2.24 m/s ③ 5.00 m/s ④ 5.53 m/s

풀이 Reynolds 수가 1000이므로 층류이며 이를 고려하여 Darcy-Weisbach 공식을 이용한다.

$$V = C\sqrt{RS} = \sqrt{\frac{8g}{f}}\sqrt{RS}$$

층류 $f = \dfrac{64}{Re} = \dfrac{64}{1000} = 0.064$

$$V = \sqrt{\frac{8 \times 9.8}{0.064}}\sqrt{5 \times \frac{1}{200}} = 5.53 \text{ m/s}$$

정답 ④

08 지름이 20 cm인 관수로에 평균유속 5 m/s로 물이 흐른다. 관의 길이가 50 m일 때 5 m의 손실수두가 나타났다면, 마찰속도(U_*)는?

① $U_* = 0.022$ m/s ② $U_* = 0.22$ m/s

③ $U_* = 2.21$ m/s ④ $U_* = 22.1$ m/s

풀이 $U_* = \sqrt{gRI} = \sqrt{(9.8)\left(\dfrac{0.2}{4}\right)\left(\dfrac{5}{50}\right)}$

$= 0.22$ m/s

정답 ②

09 마찰손실계수(f)와 Reynolds 수(Re) 및 상대조도(ϵ/d)의 관계를 나타낸 Moody 도표에 대한 설명으로 옳지 않은 것은?

① 층류와 난류의 물리적 상이점은 f-Re 관계가 한계 Reynolds 수 부근에서 갑자기 변한다.

② 층류영역에서 단일 직선이 관의 조도에 관계없이 적용된다.

③ 난류영역에서는 f-Re 곡선은 상대조도(ϵ/d)에 따라 변하며 Reynolds 수보다는 관의 조도가 더 중요한 변수가 된다.

④ 완전 난류의 완전히 거치른 영역에서 f는 Reynolds 수와 반비례하는 관계를 보인다.

풀이 무디 도표에서 완전 난류의 완전히 거치른 영역에서 f는 Reynolds 수와 관계없이 일정하다.

정답 ④

10 지름이 30 cm, 길이 1 m인 관에 물이 흐르고 있을 때 마찰손실이 30 cm라면 관벽에 작용하는 마찰력 τ_0는?

① 4.5 g/cm² ② 2.25 g/cm² ③ 1.0 g/cm² ④ 0.5 g/cm²

풀이 $\tau_0 = \gamma RS = \gamma R \frac{h_f}{l}$ (여기서 R은 동수반경임)

$= 1\ \text{g/cm}^3 \left(\frac{30\ \text{cm}}{4}\right)\frac{30\ \text{cm}}{100\ \text{cm}} = 2.25\ \text{g/cm}^2$

정답 ②

마찰속도/마찰응력

원형관의 벽면에서 전단응력은 $\tau_0 = (\frac{\gamma h_f}{2l})R$이다. 이 식에 Darcy-Weisbach 공식을 대입하면,

$$\tau_0 = \frac{\gamma R}{2l}(f\frac{l}{D}\frac{V^2}{2g})$$

여기서 $D=2R$, $\gamma=\rho g$를 이용하여 이 식을 정리하면, $\tau_0 = \frac{f\rho V^2}{8}$이다. f는 무차원계수이고 개념적 유속인 마찰속도 u_*와의 관계를 정의하면 다음과 같다. $u_* = \sqrt{\frac{\tau_0}{\rho}} = V\sqrt{\frac{f}{8}}$ 여기서 마찰속도는 흐름의 상태(층류 또는 난류)나 경계면의 상태(매끈한 또는 거친)에 무관하게 정의되기 때문에 편리하게 사용된다.

원형관의 벽면에서 전단응력은 $\tau_0 = \left(\frac{\gamma h_f}{2l}\right)R$에서 R은 반경이다. 동수반경을 R_h 라하면 $R_h = \frac{D}{4} = \frac{2R}{4} = \frac{R}{2}$이다. $R=2R_h$를 대입하면,

$$\tau_0 = (\frac{\gamma h_f}{2l})2R_h = \gamma R_h \frac{h_f}{l} = \gamma R_h S$$

이 된다.

$$u_* = \sqrt{\frac{\tau_0}{\rho}} = \sqrt{\frac{\gamma R_h S}{\rho}} = \sqrt{gR_h S}$$

[주의] 원의 반경과 동수반경을 구분해야 한다.

11 관수로의 마찰손실공식 중 난류에서의 마찰손실계수 f는?

① 상대조도만의 함수이다.
② 레이놀즈수와 상대조도의 함수이다.
③ 후르드수와 상대조도의 함수이다.
④ 레이놀즈수만의 함수이다.

정답 ②

12 관수로의 흐름이 층류인 경우 마찰손실계수(f)에 대한 설명으로 옳은 것은?

① 조도에만 영향을 받는다.
② 레이놀즈수에만 영향을 받는다.
③ 항상 0.2778로 일정한 값을 갖는다.
④ 조도와 레이놀즈수에 영향을 받는다.

정답 ②

마찰손실계수

마찰손실계수 f는 주로 관의 조도(k, roughness)와 직경, 유속, 유체의 점성과 밀도 등에 관계가 있으며, 이는 차원해석과 실험을 통해서 입증되었으며 다음과 같이 표시된다.

$$f = F(Re, \frac{k}{D})$$

여기서 k는 (절대)조도(absolute roughness)로서 관벽의 거친 정도를 나타내는 돌기의 평균크기를 의미하며, $\frac{k}{D}$는 상대조도(relative roughness)라고 한다. 그러므로 관에서 마찰손실계수 f는 Re 수와 상대조도 함수라고 할 수 있다. 앞에서 흐름이 층류인 경우에 마찰손실계수 $f = \frac{64}{Re}$ 라고 하였다. 즉, 층류인 경우에 마찰손실계수 f는 Re만의 함수라고 할 수 있다. 흐름이 난류일 때 마찰손실계수는 무디의 도표에 의해 결정된다. 근사적으로 Manning의 조도계수 n에 의해 결정할 수 있다($f = \frac{8gn^2}{R^{1/3}} = \frac{124.5n^2}{D^{1/3}}$).

Blasius는 매끈한 관의 난류에 대해 $3000 < Re < 10^5$일 때 유속분포가 7승근법칙을 따른다는 가정하에서 마찰손실계수를 다음과 같이 제안하였다.

$$f = \frac{0.3164}{Re^{1/4}}$$

13 관수로 흐름에서 난류에 대한 설명으로 옳은 것은?

① 마찰손실계수는 레이놀즈수만 알면 구할 수 있다.
② 관벽 조도가 유속에 주는 영향은 층류일 때보다 작다.
③ 관성력의 점성력에 대한 비율이 층류의 경우보다 크다.
④ 에너지 손실은 주로 난류효과보다 유체의 점성 때문에 발생된다.

정답 ③

14 상대조도에 관한 사항 중 옳은 것은?

① Chezy의 유속계수와 같다.
② Manning의 조도계수를 나타낸다.
③ 절대조도를 관지름으로 곱한 것이다.
④ 절대조도를 관지름으로 나눈 것이다.

풀이 상대조도는 $\frac{k}{D}$이다. 여기서 k는 절대조도이고 D는 관 직경을 말한다.

정답 ④

15 그림과 같은 관(管)에서 V의 유속으로 물이 흐르고 있는 경우에 대한 설명으로 옳지 않는 것은?

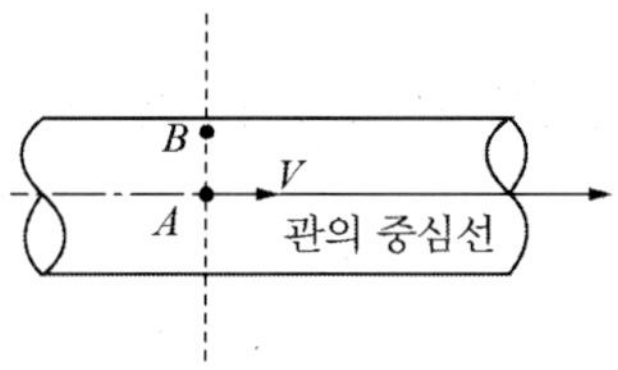

① 흐름이 층류인 경우 A점에서의 유속은 단면 I의 평균유속의 2배이다.
② A점에서의 마찰저항력은 V^2에 비례한다.
③ A점에서 B점(관벽)으로 갈수록 마찰저항력은 커진다.
④ 유속은 A점에서 최대인 포물선 분포를 한다.

풀이 A점은 관 중심이고 이 지점에서 마찰응력은 0이고 관벽으로 갈수록 커진다.

정답 ②

16 매끈한 원관 속으로 완전발달 상태의 물이 흐를 때 단면의 전단응력은?

① 관의 중심에서 0이고 관 벽에서 가장 크다.
② 관 벽에서 변화가 없고 관의 중심에서 가장 큰 직선 변화를 한다.
③ 단면의 어디서나 일정하다.
④ 유속분포와 동일하게 포물선형으로 변화한다.

정답 ①

17 Darcy-Weisbach의 마찰손실수두공식 $h = f\frac{l}{D}\frac{V^2}{2g}$에 있어서 f는 마찰손실계수이다. 원형관의 관벽이 완전 조면인 거친관이고, 흐름이 난류라고 하면 f는?

① 후르드 수만의 함수로 표현할 수 있다.
② 상대조도만의 함수로 표현할 수 있다.
③ 레이놀즈 수만의 함수로 표현할 수 있다.
④ 레이놀즈 수와 조도의 함수로 표현할 수 있다.

풀이 10번 참고

정답 ②

18 물이 단면적, 수로의 재료 및 동수경사가 동일한 정사각형관과 원관을 가득차서 흐를 때 유량비 $\left(\frac{Q_s}{Q_c}\right)$는? (단, Q_s는 정사각형관의 유량, Q_c는 원관의 유량, Manning 공식을 적용)

① 0.645 ② 0.923
③ 1.083 ④ 1.341

풀이 정사각형관의 한변을 a라 하면 면적은 $A = a^2$이고 원형관의 직경을 d라 하면 면적 $A = \frac{\pi d^2}{4}$이다.

$a^2 = \frac{\pi d^2}{4}$이므로 $a = 0.8862d$이다. 그리고 정사각형관에서 $R_s = \frac{a^2}{4a} = \frac{a}{4}$, 원형관에서 $R_c = \frac{d}{4}$이다.

$$\frac{Q_s}{Q_c} = \frac{A\frac{1}{n}R_s^{2/3}S^{1/2}}{A\frac{1}{n}R_c^{2/3}S^{1/2}} = (\frac{R_s}{R_c})^{2/3}$$

$$= \left(\frac{a/4}{d/4}\right)^{2/3} = \left(\frac{0.8862d}{d}\right)^{2/3} = 0.923$$

정답 ②

19 각 변의 길이가 2 cm × 3 cm인 직사각형 단면의 매끈한 관에 평균유속 1.0 m/s로 물이 흐른다. 관의 길이 100 m 구간에서 발생하는 손실수두는? (단, 관의 마찰손실계수 f = 0.030이다.)

① 3.2 m ② 6.4 m ③ 13.8 m ④ 25.5 m

풀이 직사각형 단면의 관수로이다. 이 경우,

$R=\frac{D}{4}$, 즉 $D=4R$이다.

$$R=\frac{A}{P}=\frac{0.02\times0.03}{2(0.02+0.03)}=0.006$$

$$h_f=f\frac{l}{D}\frac{V^2}{2g}=0.03\frac{100}{4\times0.006}\frac{1^2}{2\times9.8}=6.4\text{ m}$$

정답 ②

20 점성을 가지는 유체가 흐를 때 다음 설명 중 틀린 것은?

① 원형관 내의 층류 흐름에서 유량은 점성계수에 반비례하고 직경의 4제곱(승)에 반비례한다.

② Darcy-Weisbach의 식은 원형관 내의 마찰손실수두를 계산하기 위하여 사용된다.

③ 층류의 경우 마찰손실계수는 Reynolds 수에 반비례 한다.

④ 에너지 보정계수는 이상유체에서의 압력수두를 보정하기 위한 무차원상수이다.

풀이 층류에서 $Q=\frac{\pi D^4\gamma h_f}{128\mu l}=\frac{\pi D^4\Delta p}{128\mu l}$이므로 ①은 맞다. Darcy-Weisbach 식은 손실수두를 구하는 식으로 $h_f=f\frac{l}{D}\frac{V^2}{2g}$이다(②). 층류일 때 $f=\frac{64}{Re}$(③)이다. 에너지 보정계수는 속도수두를 보정한다.

정답 ④

21 관수로에서의 마찰손실수두에 대한 설명으로 옳은 것은?

① Froude 수에 반비례한다.

② 관수로의 길이에 비례한다.

③ 관의 조도계수에 반비례한다.

④ 관내 유속의 1/4 제곱에 비례한다.

풀이 $h_f=f\frac{l}{D}\frac{V^2}{2g}$에서 관길이에 비례한다.

정답 ②

22 관속에서 흐르는 물의 속도수두를 10 m로 유지하기 위한 평균유속은?

① 4.9 m/s ② 9.8 m/s ③ 12.6 m/s ④ 14.0 m/s

풀이 속도수두는 $\frac{V^2}{2g}=\frac{V^2}{2\times 9.8}=10\text{ m}$,

$V=\sqrt{2\times 9.8\times 10}=14.0\text{ m/s}$

정답 ④

23 관로 길이 100 m, 안지름 30 cm의 주철관에 0.1 m³/s의 유량을 송수할 때 손실수두는? (단, $V=C\sqrt{RI}$, $C=63\text{ m}^{1/2}/\text{s}$이다.)

① 0.54 m ② 0.67 m

③ 0.74 m ④ 0.88 m

풀이 $V=\frac{Q}{A}=\frac{0.1}{3.14\times 0.3^2/4}=1.42\text{ m/s}$

$V=C\sqrt{RI}=63\sqrt{\frac{0.3}{4}\frac{h_l}{100}}=1.42$

$h_l=0.68\text{ m}$

정답 ②

24 $n=0.013$인 지름 600 mm의 원형 주철관의 동수경사가 1/180일 때 유량은? (단, Manning 공식을 사용할 것)

① 1.62 m³/s ② 0.148 m³/s ③ 0.458 m³/s ④ 4.122 m³/s

풀이 $Q=AV=\frac{3.14\times 0.6^2}{4}\frac{1}{0.013}\left(\frac{0.6}{4}\right)^{2/3}\left(\frac{1}{180}\right)^{1/2}=0.457\text{ m}^3/\text{s}$

정답 ③

25 내경 100 mm, 조도계수 $n=0.014$의 관으로 물을 보낼 때 마찰손실계수 f는? (Manning 공식 적용)

① 0.0240 ② 0.0306 ③ 0.0386 ④ 0.0526

풀이 $f=\frac{124.5n^2}{D^{1/3}}=\frac{124.5\times 0.014^2}{0.1^{1/3}}=0.0526$

정답 ④

26 지름 20 cm의 원형단면 관수로에 물이 가득차서 흐를 때의 동수반경(R)은?

① 5 cm ② 10 cm ③ 15 cm ④ 20 cm

풀이 $R = \frac{d}{4} = \frac{20}{4} = 5\text{ cm}$

정답 ①

평균유속공식

관수로내의 유속분포는 Re수와 상대조도에 따라 달라진다. Re수를 결정하는 변수가 유속, 직경, 유체의 동점성계수이므로 상호 관련이 있는 이들 변수에 따라 유속분포의 형상은 결정된다. 층류 흐름인 경우에 유속분포는 포물선 형상이고 평균유속은 관 중심에서 최대유속의 1/2이다. Re수의 증가에 따라 난류 흐름이 형성될 때 유속 분포형상을 매끈한 관과 거친 관으로 구분할 수 있다.

관수로 흐름에서 유량을 계산하기 위해서는 평균유속을 사용한다. 평균유속은 경험공식으로서 특정 조건하에서 개발된 것이므로 특정한 계수를 포함하고 있다.

• Chezy의 평균유속공식

$$V = C\sqrt{RS} \quad (V = \sqrt{\frac{8g}{f}}\sqrt{R\frac{h_f}{l}})$$

$$C = \sqrt{\frac{8g}{f}}, \quad f = \frac{8g}{C^2}$$

• Manning의 평균유속공식

$$V = \frac{1}{n}R^{2/3}S^{1/2}$$

$$C = \frac{R^{1/6}}{n}, \quad f = \frac{8gn^2}{R^{1/3}} = \frac{124.5\,n^2}{D^{1/3}}$$

• Williams-Hazen의 평균유속공식

$$V = 0.84935\,C_{WH}\,R^{0.63}\,S^{0.54}$$

[주의] 평균유속공식에서 V의 단위는 m/s이고, 동수반경 R의 단위는 m이다.

27 유량 147.6 L/s를 송수하기 위하여 안지름 0.4 m의 관을 700 m의 길이로 설치하였을 때 흐름의 에너지 경사는? (단, 조도계수 $n=0.012$, Manning 공식 적용)

① $\dfrac{1}{700}$　② $\dfrac{2}{700}$　③ $\dfrac{3}{700}$　④ $\dfrac{4}{700}$

풀이 $Q=147.6\ L/s=147.6/1000=0.1476\ \text{m}^3/\text{s}$

$Q=AV$

$=\dfrac{3.14\times 0.4^2}{4}\dfrac{1}{0.012}\left(\dfrac{0.4}{4}\right)^{2/3}S^{1/2}=0.1476$

$S=\dfrac{3}{700}$

정답 ③

28 원형 관수로 흐름에서 Manning식의 조도계수와 마찰계수와의 관계식은? (단, f는 마찰계수, n은 조도계수, d는 관의 직경, 중력가속도는 9.8 m/s²이다.)

① $f=\dfrac{98.8n^2}{d^{1/3}}$　② $f=\dfrac{124.5n^2}{d^{1/3}}$

③ $f=\sqrt{\dfrac{98.8n^2}{d^{1/3}}}$　④ $f=\sqrt{\dfrac{124.5n^2}{d^{1/3}}}$

정답 ②

29 지름 1 cm, 길이 3 m인 원형관에 유속 0.2 m/s의 물이 흐를 때 길이에 대한 마찰손실 수두는? (단, $\nu=1.12\times 10^{-2}\ \text{cm}^2/\text{s}$, $\rho=1000\ \text{kg/m}^3$)

① 8.023 cm　② 6.525 cm　③ 4.388 cm　④ 2.194 cm

풀이 $Re=\dfrac{VD}{\nu}=\dfrac{20\times 1}{1.12\times 10^{-2}}=1785<2000$

층류인 경우 $f=\dfrac{64}{Re}=\dfrac{64}{1785}=0.036$

$h_f=f\dfrac{l}{D}\dfrac{V^2}{2g}=0.036\dfrac{3}{0.01}\dfrac{0.2^2}{2\times 9.8}=0.022\ \text{m}=2.2\ \text{cm}$

정답 ④

30 유량 6.28 m^3/s를 흐르게 하기 위하여 내경 2 m의 주철관 100 m를 설치할 경우의 관로의 경사는? (단, 마찰손실계수는 0.03이다.)

① 1/1000 ② 2/1000 ③ 3/1000 ④ 4/1000

풀이 $V=\dfrac{Q}{A}=\dfrac{4\times6.28}{3.14\times2^2}=2\text{ m/s}$

$h_f=f\dfrac{l}{d}\dfrac{V^2}{2g}$에서

$\dfrac{h_f}{l}=0.03\times\dfrac{1}{2}\dfrac{2^2}{2\times9.8}=0.003=3/1000$

정답 ④

31 직경 20 cm의 관내 유속을 Chezy의 평균유속 공식으로 구하려 할 때 유속계수 C는? (단, 마찰손실계수 $f=0.03$)

① 35.5 ② 40.9 ③ 51.1 ④ 60.2

풀이 $C=\sqrt{\dfrac{8g}{f}}=\sqrt{\dfrac{8\times9.8}{0.03}}=51.1$

정답 ③

32 Chezy의 평균유속공식에서 평균유속계수 C를 Manning의 평균유속공식을 이용하여 표현한 것으로 옳은 것은?

① $\dfrac{R^{1/2}}{n}$ ② $\dfrac{R^{1/6}}{n}$ ③ $\sqrt{\dfrac{f}{8g}}$ ④ $\sqrt{\dfrac{8g}{f}}$

정답 ②

33 동수반지름(R)이 10 m, 동수경사(I)가 1/200, 관로의 마찰손실계수(f)가 0.04일 때 유속은?

① 8.9 m/s ② 9.9 m/s ③ 11.3 m/s ④ 12.3 m/s

풀이 $V=C\sqrt{RI}$, $C=\sqrt{\dfrac{8g}{f}}=\sqrt{\dfrac{8(9.8)}{0.04}}=44.27$

$V=44.27\sqrt{(10)(1/200)}=9.9\text{ m/s}$

정답 ②

34 직경 20 cm의 관내 유속을 Chezy의 평균유속 공식으로 구하려 할 때 유속계수 C는? (단, 마찰 손실계수 $f=0.03$)

① 35.5 ② 40.9 ③ 51.1 ④ 60.2

풀이 $C=\sqrt{\frac{8g}{f}}=\sqrt{\frac{8\times 9.8}{0.03}}=51.1$

정답 ③

35 Manning의 조도계수가 $n=0.012$인 원관을 사용하여 1 m³/s의 물을 동수경사 1/100로 송수하려 할 때 적당한 관의 지름은?

① 70 cm ② 80 cm ③ 90 cm ④ 100 cm

풀이 $Q=AV=\frac{\pi d^2}{4}\frac{1}{n}R^{2/3}S^{1/2}$

$$1\text{m}^3/\text{s}=\frac{(3.14)d^2}{4}\frac{1}{0.012}\left(\frac{d}{4}\right)^{2/3}\left(\frac{1}{100}\right)^{1/2}$$

$d^{8/3}=0.385,\ d=0.7\text{ m}=70\text{ cm}$

정답 ①

36 관수로에서의 미소 손실(Minor Loss)은?

① 위치수두에 비례한다. ② 압력수두에 비례한다.
③ 속도수두에 비례한다. ④ 레이놀드수의 제곱에 반비례한다.

풀이 $h_m=k_m\frac{V^2}{2g}$

정답 ③

미소손실수두

실험 결과에 의하면 미소손실은 속도수두에 비례하는 것으로 알려져 있으며 다음과 같다.

$$h_m=K_m\frac{V^2}{2g}$$

여기서 K_m은 미소손실계수이며 실험에 의하면 이 값이 일치하지 않는 경우도 있다.

37 Pipe의 배관에 있어서 엘보우(Elbow)에 의한 손실수두와 직선관의 마찰손실수두가 같아지는 직선관의 길이는 직경의 몇 배에 해당하는가? 단, 관의 마찰손실계수 f는 0.025이고 엘보우의 미소손실계수 K는 0.9이다.

① 48배 ② 40배 ③ 36배 ④ 20배

풀이 $f\dfrac{l}{D}\dfrac{V^2}{2g}=K\dfrac{V^2}{2g}$ 에서,

$0.025\dfrac{l}{D}\dfrac{V^2}{2g}=0.9\dfrac{V^2}{2g}$

이 식으로부터 $\dfrac{l}{D}=36$ 이다.

정답 ③

38 다음의 손실계수 중 특별한 형상이 아닌 경우, 일반적으로 그 값이 가장 큰 것은?

① 입구 손실계수(fe)
② 단면 급확대 손실계수(fse)
③ 단면 급축소 손실계수(fsc)
④ 출구 손실계수(fo)

풀이 미소손실수두는 $h_m=k_m\dfrac{V^2}{2g}$ 이다. 여기서 k_m은 손실계수이며 일반적으로 ①은 0.5, ②는 1.0보다 작다. ③은 0.5보다 작다. ④는 1.0이다.

정답 ④

39 아래 그림과 같이 지름 10 cm인 원관이 지름 20 cm로 급확대되었다. 관의 확대 전 유속이 4.9 m/s라면 단면 급확대에 의한 손실수두는?

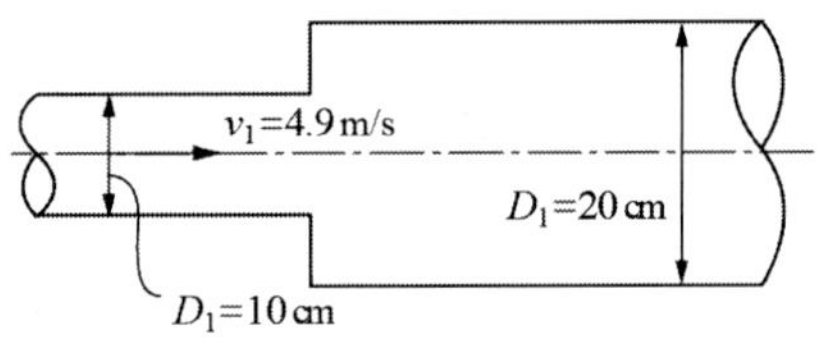

① 0.69 m ② 0.96 m ③ 1.14 m ④ 2.45 m

풀이 $K_m=[1-(D_1/D_2)^2]^2$

$=[1-(10/20)^2]^2=0.5625$

$h_m=0.5625\dfrac{4.9^2}{2\times9.8}=0.689\text{ m}$

정답 ①

40 관수로에 대한 설명 중 틀린 것은?

① 단면 점확대로 인한 수두손실은 단면급확대로 인한 수두손실보다 클 수 있다.
② 관수로 내의 마찰손실수두는 유속수두에 비례한다.
③ 아주 긴 관수로에서는 마찰 이외의 손실수두를 무시할 수 있다.
④ 마찰손실수두는 모든 손실수두 가운데 가장 큰 것으로 마찰손실계수에 유속수두를 곱한 것과 같다.

정답 ④

41 관수로 계산에서 l/D이 얼마 이상이면 마찰손실이외의 소손실을 무시할 수 있는가? (단, D : 관의 지름, l : 관의 길이)

① 100 ② 300 ③ 1000 ④ 3000

정답 ④

42 그림과 같이 일정한 수위차가 계속 유지되는 두 수조를 서로 연결하는 관내를 흐르는 유속의 근사값은? (단, 관의 마찰손실계수＝0.03, 관의 지름 D＝0.3 m, 관의 길이 l＝300 m이고 관의 유입 및 유출 손실수두는 무시한다.)

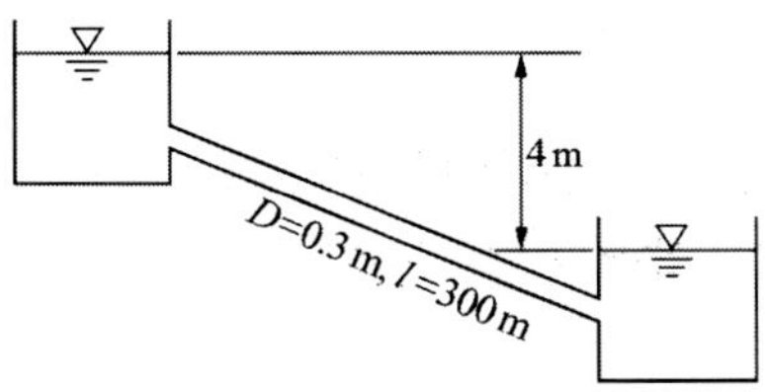

① 1.6 m/s ② 2.3 m/s ③ 16 m/s ④ 23 m/s

풀이 $H = f\frac{l}{D}\frac{V^2}{2g}$ 에서

$$V = \sqrt{\frac{D}{fl}}\sqrt{2gH}$$

$$= \sqrt{\frac{0.3}{0.03\times300}}\sqrt{2\times9.8\times4} = 1.6m/s$$

정답 ①

43 다음 설명 중 옳지 않은 것은? (단, l=관의 총길이, D=관의 지름)

① 관수로의 출구 손실계수는 보통 1로 본다.
② 관수로 내의 손실수두는 유속수두에 비례한다.
③ 관수로에서 마찰 이외이 손실수두를 무시할 수 있는 경우는 $l/D > 3000$이다.
④ 마찰손실 수두는 모든 손실수두 가운데 가장 큰 것으로 마찰손실 계수에 유속수두를 곱한 것과 같다.

풀이 $h_f = f\frac{l}{D}\frac{V^2}{2g}$에서 마찰손실 수두는 모든 손실수두 가운데 가장 큰 것으로 마찰손실 계수 f, $\frac{l}{D}$, 유속수두 $\frac{V^2}{2g}$를 곱한 것과 같다.

정답 ④

그림과 수조에서 관마찰손실 수두를 적용하여 정리하면 다음과 같다.

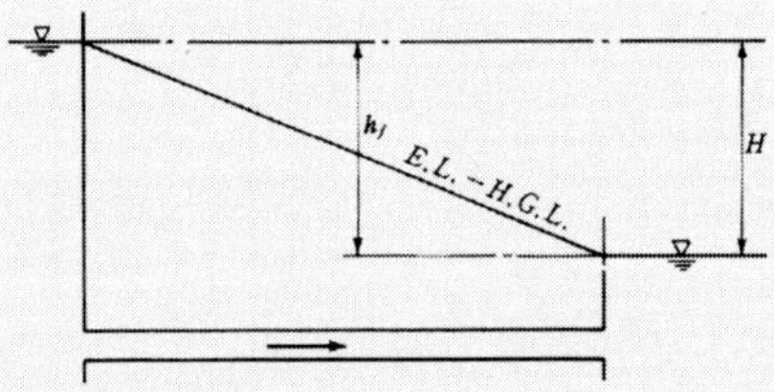

$$H = \left(f\frac{l}{D} + 0.5 + 1.0\right)\frac{V^2}{2g}$$

이 식의 물리적인 의미는 물이 수면 1에서 수면 2로 이동하는 데 H만한 수두손실이 발생한다. 이는 관마찰손실과 미소손실인 단면 급축소와 급확대 손실이 원인이다. 이와 같은 에너지 관계를 그림에 에너지선으로 표시하였다. 관 내의 흐름이 완전 난류라고 가정하여 마찰손실계수 f를 0.025로 선택하고 l/D=100, 1000, 10000에 대해 식의 괄호 안의 값을 계산하면 각각 4.0, 26.5, 251.5가 된다. 미소손실계수인 0.5와 1.0이 식에 미치는 영향은 l/D이 커질수록 상대적으로 작아진다는 사실을 알 수 있다. 관로가 비교적 긴 흐름 문제에서는 마찰손실이 전체 손실의 대부분을 차지하고 있으므로 미소손실을 통상적으로 무시하여 계산한다. 개략적인 기준은 관수로의 길이가 직경의 3,000배 이상일 때이다. 또한 긴 관로에서 l/D이 크므로 상대적으로 $V^2/2g$이 작아진다.
송수에 사용되는 긴 관로의 해석에서 속도수두를 미소손실처럼 무시하고 그림과 같이 동수경사선과 에너지선이 일치하는 것으로 해석하기도 한다.
그림에서 급축소와 급확대의 미소손실계수에 대해 각각 $K_m = 0.5$, $K_m = 1$이다. 예를 들어 전자는 저수지에서 관으로 유입되는 경우이며, 후자는 관에서 큰 저수지로 유출되는 경우이다. 이 때 입구는 날카로운 형상을 갖는다.

44 관수로에서의 마찰손실수두에 대한 설명으로 옳은 것은?

① 관수로의 길이에 비례한다. ② 관의 조도계수에 반비례한다.
③ 후르드 수에 반비례한다. ④ 관내 유속의 1/4제곱에 비례한다.

풀이 $h_f = f\frac{l}{d}\frac{V^2}{2g}$에서 $f = \frac{124.5n^2}{d^{1/3}}$이다.

정답 ①

45 A저수지에서 200 m 떨어진 B저수지로 지름 20 cm, 마찰손실계수 0.035인 원형관으로 0.0628 m^3/s의 물을 송수하려고 한다. A 저수지와 B저수지 사이의 수위차는? (단, 마찰손실 단면급확대 및 급축소 손실을 고려한다.)

① 5.75 m ② 6.94 m ③ 7.14 m ④ 7.45 m

풀이 모든 손실의 합과 수두차 H는 같다.

$$H = \left(f\frac{l}{d} + f_i + f_o\right)\frac{V^2}{2g}$$

$$= (0.035\frac{200}{0.2} + 0.5 + 1.0)\frac{2^2}{2\times 9.8}$$

$$= 7.45 \text{ m}$$

정답 ④

46 A 저수지에서 100 m 떨어진 B 저수지로 3.6 m^3/s의 유량을 송수하기 위해 지름 2 m의 주철관을 설치할 때 적정한 관로의 경사(I)는? (단, 마찰손실만 고려하고, 마찰손실계수 f=0.03이다.)

① 1/1000 ② 1/500 ③ 1/250 ④ 1/100

풀이 $V = \frac{Q}{A} = \frac{3.6}{(3.14\times 2^2)/4} = 1.15 \text{ m/s}, \ f = \frac{124.5n^2}{d^{1/3}}$

$$n = (0.03\times 2^{1/3}/124.5)^{1/2} = 0.0174$$

$V = \frac{1}{n}R^{2/3}I^{1/2}$에서 $1.15 = \frac{1}{0.0174}(\frac{2}{4})^{2/3}I^{1/2}$

$$I = \frac{1}{991} \simeq \frac{1}{1000}$$

정답 ①

47 두 수조가 관길이 $L=50$ m, 지름 $D=0.8$ m, Manning의 조도계수 $n=0.013$인 원형관으로 연결되어 있다. 이 관을 통하여 유량 $Q=1.2\ m^3/s$의 난류가 흐를 때 두 수조의 수위차(H)는? (단, 마찰, 단면 급확대 및 급축소 손실만을 고려한다.)

① 0.98 m ② 0.85 m ③ 0.54 m ④ 0.36 m

풀이 모든 손실의 합과 수두차 H는 같다.

$$H=(f\frac{l}{d}+f_i+f_o)\frac{V^2}{2g}$$

이다. 여기서,

$$f=\frac{124.5n^2}{D^{1/3}}=\frac{124.5\times0.013^2}{0.8^{1/3}}=0.023$$

$$V=\frac{Q}{A}=\frac{1.2}{(3.14\times0.8^2)/4}=2.39\ \text{m/s}$$

$$H=(0.023\frac{50}{0.8}+0.5+1.0)\frac{2.39^2}{2\times9.8}=0.86\ \text{m}$$

정답 ②

48 지름 20 cm, 길이 100 m의 주철관으로 매초 0.1 m^3의 물을 40 m의 높이까지 양수하려고 한다. 펌프의 효율이 100%라 할 때, 필요한 펌프의 동력은? 단, 마찰손실계수는 0.03, 유출 및 유입손실계수는 각각 1.0과 0.5이다.

① 40 HP ② 65 HP ③ 75 HP ④ 85 HP

풀이 관에서 유속

$$V=0.1/(\pi\times0.2^2/4)=3.18\ \text{m/s}$$

유효 높이

$$H_e=H+h_f+\sum h_m$$
$$=40+(0.03\frac{100}{0.2}+1.0+0.5)\frac{3.18^2}{2\times9.8}=48.5\ \text{m}$$

동력

$$P=13.3QH_e$$
$$=13.3\times0.1\times48.5=64.5=65\ \text{HP}$$

정답 ②

펌프/터빈/동력

관로를 통해 물을 송수할 때에 펌프를 이용하는 데 에너지를 가해주는 경우이며, 반대로 터빈은 흐름이 가지는 에너지의 일부를 빼앗아 동력을 얻는 경우로 이것이 수력발전이다. 펌프가 단위무게당 물에 가해주는 에너지, 즉 수두를 H_P라 하고 터빈이 단위무게의 물로부터 얻는 에너지를 H_T라 하면 이를 고려하여 베르누이 방정식을 적용하여 나타낼 수 있다.

$$\frac{V_1^2}{2g}+\frac{p_1}{\gamma}+z_1+H_P$$
$$=\frac{V_2^2}{2g}+\frac{p_1}{\gamma}+z_2+h_f+\sum h_m+H_T$$

수면 차가 H인 두 개의 수조가 있다. 낮은 곳의 수조에서 높은 곳의 수조로 유량 Q를 펌프로 양수하는 데 필요한 펌프의 수두를 H_e라고 하면 수면차 H에 손실수두를 더한다. 즉,

$$H_e=H+h_f+\sum h_m$$

펌프 자체에서 에너지 손실이 존재하므로 필요한 운전 동력 P_P는 γQH_e보다 커야 한다. 이를 고려하기 위해 펌프의 효율을 적용시킨다.

$$P_P(kW)=\frac{9.8QH_e}{\eta}\ ,\ P_P(HP)=\frac{13.3QH_e}{\eta}$$

낙차가 H인 높은 위치에 있는 물을 관로를 통해서 위치에너지를 동력으로 변환시킴으로서 얻을 수 있는 에너지는 $\gamma QH(kg\cdot m/s)$이다. $1kW=102kg_f\cdot m/s$이므로 터빈의 동력은 다음과 같다.

$$P_T(kW)=\gamma QH=9.8QH$$
$$P_T(HP)=\gamma QH=13.3QH$$

계산되는 출력은 이론출력이다. 관로에서 손실수두가 발생하기 때문에 출력은 감소된다. 여러 가지 원인에 의해 감소되는 손실 수두를 낙차에서 빼주면 유효낙차 H_e를 구할 수 있다.
$H_e=H-(h_f+\sum h_m)$
실제 출력은,

$$P_T(kW)=9.8\eta QH_e$$
$$P_T(HP)=13.3\eta QH_e$$

이들 효율에 대한 합성효율을 $\eta(=\eta_1\cdot\eta_2)$라고 터빈과 발전기 효율을 고려한다.

49 동력 20,000 kW, 효율 88%인 펌프를 이용하여 150 m 위의 저수지로 물을 양수하려고 한다. 손실수두가 10 m일 때 양수량은?

① 15.5 m^3/s　② 14.5 m^3/s　③ 11.2 m^3/s　④ 12.0 m^3/s

풀이 $P(\text{kW}) = \dfrac{9.8QH_e}{\eta}$, $20000 = \dfrac{9.8 \times Q \times (150+10)}{0.88}$

$Q = 11.2\ \text{m}^3/\text{s}$

정답 ③

50 수위차가 3 m인 2개의 저수지를 지름 50 cm, 길이 80 m의 직선관으로 연결하였을 때 유량은? (단, 입구손실계수=0.5, 관의 마찰손실계수=0.0265, 출구손실계수=1.0, 이외의 손실은 없다고 한다.)

① 0.124 m^3/s　② 0.314 m^3/s　③ 0.628 m^3/s　④ 1.280 m^3/s

풀이 모든 손실의 합과 수두차 H는 같다.

$$H = (f\frac{l}{d} + f_i + f_o)\frac{V^2}{2g}$$

$$3 = (0.0265\frac{80}{0.5} + 0.5 + 1.0)\frac{V^2}{2 \times 9.8}$$

$$V = 3.2m/s,\ Q = AV = \frac{3.14 \times 0.5^2}{4} \times 3.2 = 0.628\ \text{m}^3/\text{s}$$

정답 ③

51 표고 20 m인 저수지에서 물을 표고 50 m인 지점까지 1.0 m^3/s의 물을 양수하는데 소요되는 펌프 동력은? (단, 모든 손실수두의 합은 3.0 m이고 모든 관은 동일한 직경과 수리학적 특성을 지니며 펌프의 효율은 80%이다.)

① 248 kW　② 330 kW　③ 404 kW　④ 650 kW

풀이 물을 표고 20 m 지점에서 50 m지점으로 양수하는데 위치 수두는 30 m이고 손실수두가 3.0 m이므로 필요한 펌프의 수두 H_e는 33 m이다.

$$P(kW) = \frac{9.8QH_e}{\eta}$$

$$= \frac{9.8 \times 1.0 \times (30+3)}{0.8} = 404.25\ \text{kW}$$

정답 ③

52 양정이 5 m일 때 4.9 kw의 펌프로 0.03 m³/s를 양수했다면 이 펌프의 효율은 약 얼마인가?

① 0.3 ② 0.4 ③ 0.5 ④ 0.6

풀이 동력

$P = 9.8QH_e = 9.8 \times 0.03 \times 5/\eta = 4.9$ kw

$\eta = 0.3$

정답 ①

53 관의 마찰 및 기타 손실수두를 양정고의 10%로 가정할 경우 펌프의 동력을 마력으로 구하면? (단, 유량은 $Q = 0.07\text{m}^3/\text{s}$이며, 효율은 100%로 가정한다.)

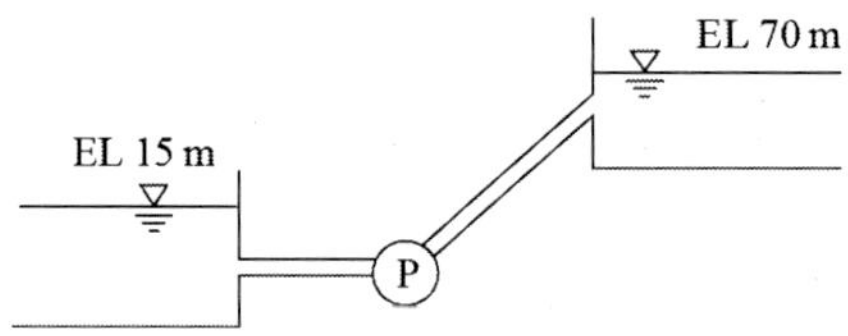

① 57.2 HP ② 48.0 HP ③ 51.3 HP ④ 56.5 HP

풀이 양정고 $= 70 - 15 = 55$ m,

손실 $= 55 \times 0.1 = 5.5$ m, $H_e = 55 + 5.5 = 60.5$ m

$$P(\text{HP}) = \frac{13.3QH_e}{\eta}$$

$$= \frac{13.3 \times 0.07 \times 60.5}{1} = 56.33 \text{ HP}$$

정답 ④

54 0.3 m³/s의 물을 실양정 45 m의 높이로 양수하는 데 필요한 펌프의 동력은? (단, 마찰손실수두는 18.6 m이다.)

① 186.98 kW ② 196.98 kW ③ 214.4 kW ④ 224.4 kW

풀이 $P = 9.8QH_e$ (kW)

$= 9.8 \times 0.3 \times (45 + 18.6) = 186.98$ kW

정답 ①

55 기계적 에너지와 마찰손실을 고려하는 베르누이 정리에 관한 표현식은? (단, E_p 및 E_T는 각각 펌프 및 터빈에 의한 수두를 의미하며, 유체는 점 1에서 점 2로 흐른다.)

① $\frac{v_1^2}{2g}+\frac{p_1}{\gamma}+z_1=\frac{v_2^2}{2g}+\frac{p_2}{\gamma}+z_2+E_p+E_T+h_L$

② $\frac{v_1^2}{2g}+\frac{p_1}{\gamma}+z_1=\frac{v_2^2}{2g}+\frac{p_2}{\gamma}+z_2-E_p-E_T-h_L$

③ $\frac{v_1^2}{2g}+\frac{p_1}{\gamma}+z_1=\frac{v_2^2}{2g}+\frac{p_2}{\gamma}+z_2-E_p+E_T+h_L$

④ $\frac{v_1^2}{2g}+\frac{p_1}{\gamma}+z_1=\frac{v_2^2}{2g}+\frac{p_2}{\gamma}+z_2+E_p-E_T+h_L$

정답 ③

56 관망계산에 대한 설명으로 틀린 것은?

① 관망은 Hardy-Cross 방법으로 근사계산할 수 있다.
② 관망계산 시 각 관에서 유량을 임의로 가정해도 결과는 같아진다.
③ 관망계산에서 반시계방향과 시계방향으로 흐를 때의 마찰 손실수두의 합은 0이다.
④ 관망계산 시 극히 작은 손실의 무시로도 결과에 큰 차이를 가져올 수 있으므로 무시하여서는 안 된다.

풀이 시행착오법은 근사적인 방법이며 관망을 해석하기 위해 각 관의 가정유량이 필요하다. 가정유량이 다르다 할지라도 그 결과는 같아야 한다. 다만 가정유량에 따라 반복 횟수가 달라질 수 있다. 관망계산에서 흐름방향을 고려하여 $\sum h_L=0$의 조건을 만족해야 한다.

정답 ④

57 유량 20 m³/s, 유효낙차 50 m인 수력지점의 이론수력은?

① 1000 kW ② 4900 kW ③ 9800 kW ④ 10000 kW

풀이 $P(\text{kW})=\frac{9.8QH_e}{\eta}$

$=\frac{9.8\times 20\times 50}{1.00}=9800\text{ kW}$

정답 ③

58 수면표고가 18 m인 정수장에서 직경 600 mm인 강관 900 m를 이용하여 수면표고 39 m인 배수지로 양수하려고 한다. 유량이 1.0 m^3/s이고 관로의 마찰손실계수가 0.03일 때 모터의 소요 동력은? (단, 마찰손실만 고려하며, 펌프 및 모터의 효율은 각각 80% 및 70%이다.)

① 520 kW　② 620 kW　③ 780 kW　④ 870 kW

풀이 물을 수면표고 18 m 지점에서 39 m지점으로 양수하므로 위치 수두는 $H=21$ m이고, 손실수두는 $h_f = f\frac{l}{D}\frac{V^2}{2g}$ 이다. $V=Q/A$

$$V = 1.0/(3.14 \times 0.6^2/4) = 3.54 \text{ m/s}$$

$$h_f = 0.03\frac{900}{0.6}\frac{3.54^2}{2\times 9.8} = 28.77 \text{ m}$$

$$H_e = H + h_f = 21 + 28.77 = 49.77 \text{ m}$$

$$P(\text{kW}) = \frac{9.8QH_e}{\eta} (\eta = \eta_1 \times \eta_2 : \text{합성효율})$$

$$= \frac{9.8\times 1.0\times 49.77}{0.8\times 0.7} = 870.96 \text{ kW}$$

정답 ④

59 그림과 같은 병렬관수로 ㉠, ㉡, ㉢에서 각 관의 지름과 관의 길이를 각각 D_1, D_2, D_3, L_1, L_2, L_3라 할 때 $D_1 > D_2 > D_3$이고 $L_1 > L_2 > L_3$이면 A점과 B점 사이의 손실수두는?

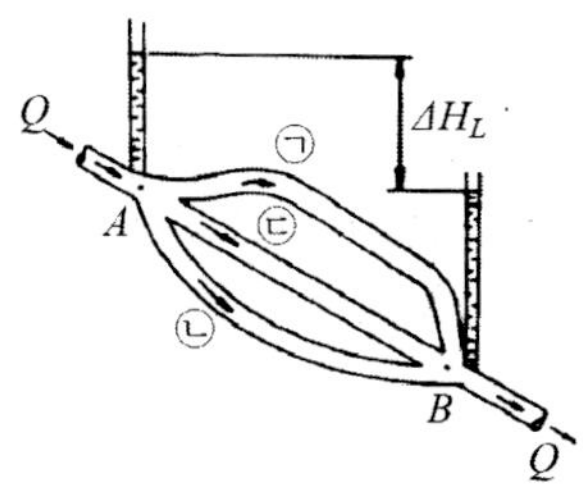

① ㉠의 손실수두가 가장 크다.　② ㉡의 손실수두가 가장 크다.

③ ㉢에서만 손실수두가 발생한다.　④ 모든 관의 손실수두가 같다.

풀이 어떤 경로를 선택하든지 A점과 B점 사이의 손실수두는 모두 동일하다.

정답 ④

60 관망에 대한 설명으로 옳지 않은 것은?

① 다수의 분기관과 합류관으로 혼합되어 하나의 관계통으로 연결된 관로를 말한다.
② Hardy-Cross법은 관망을 가장 정확하게 계산할 수 있는 방법이다.
③ 관망 계산은 각 관로의 유량과 손실수두 관계로부터 해석한다.
④ 각 폐합관에서 관로 손실수두의 합이 0이라고 가정하여 해석하는 것이 효과적이다.

풀이 Hardy-Cross법은 근사적인 방법이다.

정답 ②

61 Hardy-Cross의 관망계산 시 가정조건에 대한 설명으로 옳은 것은?

① 합류점에서 유입하는 유량은 그 점에서 1/2만 유출된다.
② 각 분기점에서 유입하는 유량은 그 점에서 정지하지 않고 전부 유출한다.
③ 폐합관에서 시계방향 또는 반시계 방향으로 흐르는 관로의 손실수두의 합은 0이 될 수 없다.
④ Hardy-Cross 방법은 관경에 관계없이 관수로의 분할 개수에 의해 유량 분배를 하면 된다.

정답 ②

관망해석

상수도 배관과 같이 관로가 분기되거나 합류되는 복잡한 형태를 이루고 있는 경우를 관망(pipe network)이라고 한다. 관망을 해석하기 위해서는 일반적으로 시행착오법에 의해 수행되는데 흔히 사용되는 방법으로는 Hardy Cross 방법이 있다. 이 방법에 의한 해를 구하기 위해 교차점에서 $\sum Q=0$인 교차점 방정식과 $\sum h_L=0$인 폐합회로 방정식이 만족되어야 한다. 교차점에서 $\sum Q=0$의 조건을 교차점 방정식(junction equation)이라고 한다. 관망상의 임의의 두 교점 사이에서 발생되는 손실수두의 크기는 두 교차점을 연결하는 경로에 관계없이 일정하다. 어떤 폐합회로에서 발생하는 손실수두의 합은 영(zero)이다. 이를 식으로 나타내면 $\sum h_L=0$ 의 조건을 의미하며 이를 폐합회로 방정식이라고 한다.

관로가 비교적 긴 흐름 문제에서는 마찰손실이 전체 손실의 대부분을 차지하고 있으므로 통상적으로 미소손실을 무시하여 단순하게 계산하는 것이 편리하다. 이와 같은 개략적인 기준은 관수로의 길이가 직경의 3,000배 이상인 경우다. 긴 관로에서 l/D이 크므로 상대적으로 $V^2/2g$이 작아진다. 따라서 정수장으로부터 송수에 사용되는 긴 관로의 해석에서 속도수두를 미소손실처럼 무시하고 동수경사선과 에너지선이 일치하는 것으로 해석하기도 한다.

62 관수로 흐름에 대한 설명으로 옳지 않은 것은?

① 자유표면이 존재하지 않는다.
② 관수로 내의 흐름이 층류인 경우 포물선 유속분포를 이룬다.
③ 관수로 내의 흐름에서는 점성저층(층류저층)이 존재하지 않는다.
④ 관수로의 전단응력은 반지름에 비례한다.

정답 ③

63 직경 1 m, 길이 600 m인 강관 내를 유량 2 m^3/s의 물이 흐르고 있다. 밸브를 1초 걸려 닫았을 때 밸브 단면에서의 상승압력수두는? (단, 압력파의 전파속도는 1000 m/s이다.)

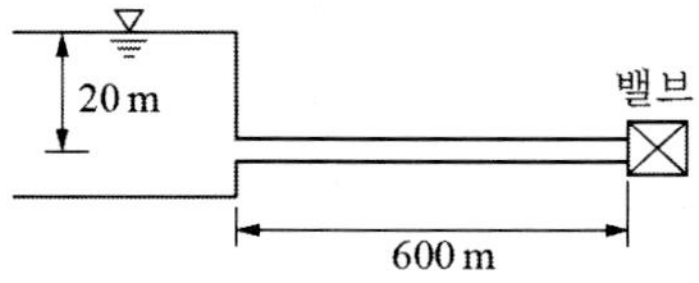

① 220 m ② 260 m ③ 300 m ④ 500 m

풀이 해설 참조

$V_0 = Q/A = 2/(\pi \times 1^2/4) = 2.55$ m/s이므로

$$\Delta h = \frac{1}{g} C V_0 = \frac{(1000 \text{ m/s})(2.55 \text{ m/s})}{9.8 \text{ m/s}^2} = 260 \text{ m}$$

정답 ②

수격작용에서 최대압력

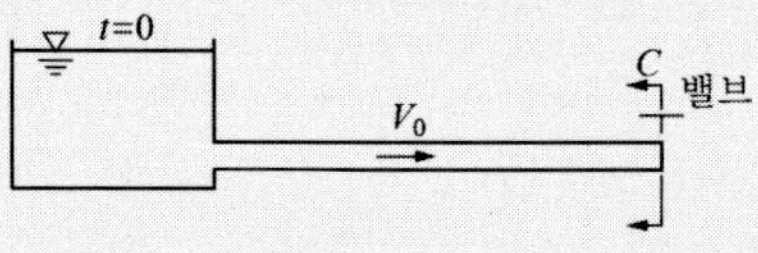

저수지에 관이 연결되어 있다. 관 말단에서 밸브를 잠그면 밸브 단면에서 저수지쪽으로 속도 C로 압력파가 전파된다. 압력파 후면의 물은 유속 V_0에서 영(zero)으로 변하게 되며 시간 Δt 동안에 유속의 변화를 겪는 물의 질량 $m = \rho A C \Delta t$이다. 뉴톤의 제 2법칙을 적용하면,

$$F = \Delta p A = m\frac{\Delta V}{\Delta t} = \rho A C \Delta t \frac{(V_0 - 0)}{\Delta t}$$

이 식에서 $\Delta p = \rho C V_0$이다. $\Delta p = \gamma \Delta h$이다 이 식으로부터, $\Delta h = \frac{1}{g} C V_0$

64 그림과 같은 관로의 흐름에 대한 설명으로 옳지 않은 것은? (단, h_1과 h_2는 위치 1, 2에서의 손실수두, h_{LA}, h_{LB}는 각 관로에서의 손실수두이다.)

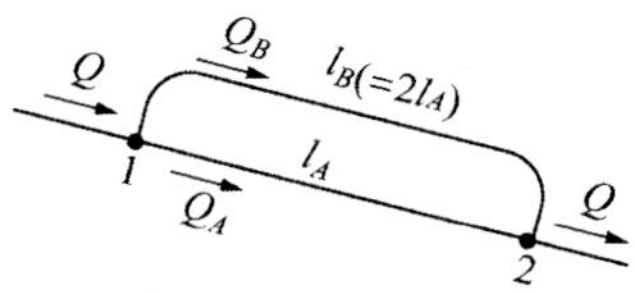

① $h_{LA} = h_{LB}$

② $Q = Q_A + Q_B$

③ $h_2 = h_1 + 2h_{LB}$

④ $h_2 = h_1 + h_{LA}$

풀이 경로의 길이에 관계없이 1점과 2점 사이의 손실수두는 동일하다.

정답 ③

65 그림과 같이 A에서 분기했다가 B에서 다시 합류하는 관수로에 물이 흐를 때 관 I과 II의 손실수두에 대한 설명으로 옳은 것은? (단, 관 I의 지름 < 관 II의 지름이며, 관의 성질은 같다.)

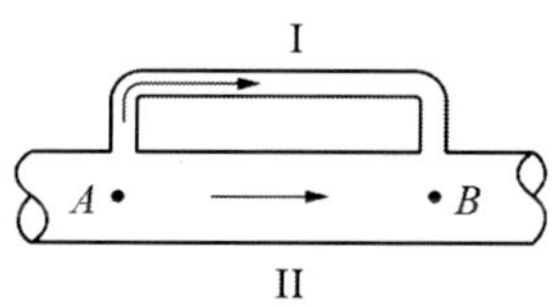

① 관 I의 손실수두가 크다.

② 관 II의 손실수두가 크다.

③ 관 I과 관 II의 손실수두가 같다.

④ 관 I과 관 II의 손실수두의 합은 0이다.

풀이 A에서 B사이의 어떤 경로를 선택하여도 손실수두는 같다. 이는 $\sum h_L = 0$의 조건도 만족한다. 관 I의 흐름방향이 시계방향(+)이고 관 II는 반시계방향이다. 서로 반대이면서 손실수두가 같으므로 엄밀하게 말하면 ④번도 답이 될 수 있다.

정답 ③

CHAPTER 05

개수로 흐름

01 개수로 내의 흐름에 대한 설명으로 옳은 것은?

① 동수경사선은 에너지선과 언제나 평행하다.
② 에너지선은 자유표면과 일치한다.
③ 에너지선과 동수경사선은 일치한다.
④ 동수경사선은 자유표면과 일치한다.

정답 ④

02 개수로 흐름에 관한 설명으로 틀린 것은?

① 사류에서 상류로 변하는 곳에 도수현상이 생긴다.
② 개수로 흐름은 중력이 원동력이 된다.
③ 비에너지는 수로 바닥을 기준으로 한 에너지이다.
④ 배수곡선은 수로가 단락(段落)이 되는 곳에 생기는 수면곡선이다.

정답 ④

03 개수로의 지배단면(control section)에 대한 설명으로 옳은 것은?

① 개수로 내에서 유속이 가장 크게 되는 단면이다.
② 개수로 내에서 압력이 가장 크게 작용하는 단면이다.
③ 개수로 내에서 수로경사가 항상 같은 단면을 말한다.
④ 한계수심이 생기는 단면으로서 상류에서 사류로 변하는 단면을 말한다.

정답 ④

개수로 일반

개수로(開水路) 흐름이란 흐름의 일부가 대기와 접하는 자유수면을 갖고 있으며, 높은 곳에서 낮은 곳으로, 즉 중력 방향으로 흐르는 것을 말한다.

수로의 특정한 지점에서 수심, 유속, 유량 등과 같은 흐름의 특성 변수 중에 어느 한 변수라도 시간에 따라 변하지 않는 흐름을 **정류** 또는 **정상류**(steady flow)라고 하며, 흐름의 특성 중에 어느 한 변수라도 변하는 흐름을 **부정류** 또는 **비정상류**(unsteady flow)라고 한다.

($\frac{\partial N}{\partial t} = 0$: 정상류, $\frac{\partial N}{\partial t} \neq 0$: 부정류)

어느 특정한 시간에서 임의의 구간에 대해 수심, 유속, 유량 등과 같은 흐름의 특성 변수 중에 어느 한 변수라도 변화가 없는 흐름을 **등류**(uniform flow)라고 하며 그렇지 않는 경우의 흐름을 **부등류**(nonuniform flow)라고 한다.($\frac{\partial N}{\partial x} = 0$: 등류, $\frac{\partial N}{\partial x} \neq 0$: 부등류)

개수로 흐름에서 층상을 형성하면서 흐르는 층류와 유체입자가 불규칙하게 활동하면서 흐르는 난류, 그리고 층류와 난류로 구분되지 않는 천이류로 구분된다. 직경 D 대신에 동수반경 R $(D=4R)$을 사용하면 $Re = \frac{VR}{\nu}$ 이다.

$Re < 500$ 층류
$500 < Re < 12500$ 천이류
$12500 < Re$ 난류

개수로의 흐름은 중력이 지배적이다. 이와 같은 흐름의 특성은 관성력과 중력의 비인 프루드 수 Fr로 구분된다. 수리(평균)수심 D를 이용하여 나타내면, $Fr = \frac{V}{\sqrt{gD}}$ 이다.

$Fr < 1$: **상류**(常流, subcritical flow)
$Fr = 1$: **한계류**(限界流, critical flow)
$Fr > 1$: **사류**(射流, supercritical flow)

04 개수로 지배단면의 특성으로 옳은 것은?

① 하천흐름이 부정류인 경우에 발생된다.
② 완경사 흐름에서 배수곡선이 나타나면 발생한다.
③ 상류 흐름에서 사류 흐름으로 변화할 때 발생한다.
④ 사류인 흐름에서 도수가 발생할 때 발생한다.

정답 ③

05 개수로 흐름에 대한 설명으로 옳지 않은 것은?

① 사류(supercritical flow)에서는 수면변동이 일어날 때 상류(上流)로 전파될 수 없다.
② 상류(subcritical flow)일 때는 Froude 수가 1보다 크다.
③ 수로경사가 한계경사보다 클 때 사류(supercritical flow)가 된다.
④ Reynolds 수가 500보다 커지면 난류(turbulent flow)가 된다.

풀이 상류(subcritical flow)일 때 표면파의 전파속도가 하류(下流)에서 상류(上流)로 전달된다. 사류(supercritical flow)일 때 Froude 수가 1보다 크다. 개수로에서 $Re < 500$ 일 때 층류, $500 < Re <$ 12,500 일 때 천이류, $12500 < Re$일 때 난류라 한다. 엄격하게 말하면 ④는 틀리다.

정답 ②

06 상류(subcritical flow)에 관한 설명으로 틀린 것은?

① 하천의 유속이 장파의 전파속도보다 느린 경우이다.
② 관성력이 중력의 영향보다 더 큰 흐름이다.
③ 수심은 한계수심보다 크다.
④ 유속은 한계유속보다 작다.

풀이 상류 흐름은 중력이 관성력보다 커서 유속이 느리다. 상류인 흐름은 $Fr = \dfrac{V}{\sqrt{gD}} < 1,\ y > y_c,\ V < V_c$이다. 여기서 V는 평균유속, $\sqrt{gD}$는 표면파의 장파 전파속도, y_c는 한계수심, V_c는 한계유속이다.

정답 ②

07 개수로의 흐름에 대한 설명으로 틀린 것은?

① 개수로에서 사류로부터 상류로 변할 때 불연속적으로 수면이 뛰는 도수가 발생된다.
② 개수로에서 층류와 난류를 구분하는 한계 레이놀즈(Reynolds) 수는 정확히 결정되어 질 수 없으나 약 500 정도를 취한다.
③ 개수로에서 사류로부터 상류로 변하는 단면을 지배단면이라 한다.
④ 배수곡선은 댐과 같은 장애물을 설치하면 발생되는 상류부의 수면곡선이다.

풀이 개수로에서 상류로부터 사류로 변하는 단면을 지배단면이라 한다. 예를 들면 광정웨어 마루에서, 계측수로에서 벤츄리 플륨 등은 상류(常流)에서 사류(射流)로 변한다.

정답 ③

08 개수로의 상류(subcritical flow)에 대한 설명으로 옳은 것은?

① 유속과 수심이 일정한 흚
② 수심이 한계수심보다 작은 흐름
③ 유속이 한계유속보다 작은 흐름
④ Froude 수가 1보다 큰 흐름

정답 ③

09 개수로의 흐름을 상류－층류와 상류－난류, 사류－층류와 사류－난류의 네 가지 흐름으로 나누는 기준이 되는 한계 Froude 수(Fr)와 한계 Reynolds (Re) 수는?

① Fr = 1, Re = 1
② Fr = 1, Re = 500
③ Fr = 500, Re = 1
④ Fr = 500, Re = 500

정답 ②

10 폭 5 m인 직사각형 수로에서 유량 8 m³/s가 80 cm의 수심으로 흐를 때 프루드 수는?

① 0.26
② 0.71
③ 1.42
④ 2.11

풀이 $V = \frac{Q}{A} = \frac{8}{5 \times 0.8} = 2.0 \text{ m/s}$,

$$\frac{V}{\sqrt{gD}} = \frac{2}{\sqrt{9.8 \times 0.8}} = 0.71$$

정답 ②

11 후루드 수(Froude number)가 1보다 큰 흐름의 상태는?

① 상류(常流)
② 사류(射流)
③ 층류(層流)
④ 난류(亂流)

정답 ②

12 직사각형 개수로에서 단위폭당 유량이 5 m³/s, 수심이 5 m일 때 Froude 수 및 흐름의 종류는?

① Fr = 0.143, 사류
② Fr = 1.430, 사류
③ Fr = 0.143, 상류
④ Fr = 1430, 상류

풀이 유속 $V = 5/5 = 1 m/s$, $Fr = \frac{1}{\sqrt{9.8 \times 5}} = 0.143 < 1$ 이므로 상류이다.

정답 ③

13 폭이 1 m인 직사각형 개수로에서 0.5 m^3/s의 유량이 80 cm의 수심으로 흐르는 경우, 이 흐름을 가장 잘 나타낸 것은? (단, 동점성계수는 0.012 cm/s, 한계수심은 29.5 cm이다.)

① 층류이며 상류 ② 층류이며 사류 ③ 난류이며 상류 ④ 난류이며 사류

풀이 유속 $V=\frac{Q}{A}=\frac{0.5}{1\times0.8}=0.625\ \text{m/s}$

$D=4R=4\times\frac{1\times0.8}{2\times0.8+1}=1.23\ \text{m}$

$Re=\frac{VD}{\nu}=\frac{0.625\times1.23}{0.012/10000}=640625$

(>2000 난류)

$Fr=\frac{V}{\sqrt{gy}}=\frac{0.625}{\sqrt{9.8\times0.8}}=0.223<1$(상류)

수심 80 > 한계수심 29.5(상류)

정답 ②

14 수심이 10 cm, 수로 폭이 20 cm인 직사각형 개수로에서 $Q=80$ cm^3/s가 흐를 때 동점성계수 $\nu=1.0\times10^{-2}$ cm^2/s이면 흐름은?

① 난류, 사류 ② 층류, 사류 ③ 난류, 상류 ④ 층류, 상류

풀이 유속 $V=\frac{Q}{A}=\frac{80}{10\times20}=0.4\ \text{cm/s}$,

$D=4R=4\times\frac{10\times20}{2\times10+20}=20\ \text{cm}$

$Re=\frac{VD}{\nu}=\frac{0.4\times20}{1.0\times10^{-2}}=800<2000$ (층류)

$Fr=\frac{V}{\sqrt{gy}}=\frac{0.4}{\sqrt{980\times10}}=0.04<1$ (상류)

정답 ④

15 지름 D인 원관에 물이 반만 차서 흐를 때 경심은?

① $D/4$ ② $D/3$ ③ $D/2$ ④ $D/5$

풀이 $R=\frac{A}{P}=\frac{(\pi D^2/4)/2}{(\pi D)/2}=\frac{D}{4}$

정답 ①

16 개수로 흐름에 대한 Manning 공식의 조도계수 값의 결정 요소로 가장 거리가 먼 것은?

① 동수경사 ② 하상 물질

③ 하도 형상 및 선형 ④ 식생

정답 ①

등류와 평균유속 공식

개수로 흐름에서 등류는 수로의 바닥과 수면이 평행하게 유지된다. 이와 같은 흐름이 유지되기 위해서 중력과 경계면의 마찰력이 흐름 방향에 대해 평형이 이루어져야 흐름의 가속이 발생되지 않고 일정한 유속과 수심을 갖는다. 일정한 유속과 일정한 수심이 수로의 전 구간에 걸쳐서 유지된다. 이때의 유속을 등류 유속, 수심을 등류 수심이라고 한다.

거리 l사이에 흐름 방향에 대한 중력 $F_g = \gamma Al\sin\theta = \gamma Al S_0$이다. 이 힘에 평형한 마찰력 F_r은 경계면의 평균마찰응력 τ_0를 사용하여 나타내면, $F_r = \tau_0 Pl$이다. 여기서 P는 윤변이다. 등류이므로 흐름 방향의 중력과 경계면의 마찰력은 같다. 즉, $\gamma Al S_0 = \tau_0 Pl$이다. 이 식을 **평균마찰응력** τ_0에 관해 정리하면, $\tau_0 = \gamma RS_0$이다. 여기서 R은 동수반경이다. 만일 흐름이 등류가 아니고 기속도기 있는 흐름인 경우에는 기속도를 고려하여 평균 전단응력을 니다낸다. 즉, 수로경사 S_0 대신에 마찰경사 S_f 또는 에너지경사를 이용한다($\tau_0 = \gamma RS_f$). 흐름으로 인한 에너지 손실이 바닥 마찰만인 경우에는 에너지경사와 마찰경사는 동일하다. 평균 전단응력은 등류 또는 부등류 구분없이 경사 S를 적절히 선택하면 된다. 즉, 등류의 경우에 바닥경사 S_0, 수면경사 S_w, 마찰경사 S_f는 모두 동일하여 어느 값을 사용하여도 무방하지만, 부등류인 경우에는 마찰경사 S_f를 사용해야 한다.

평균 전단응력을 평균유속의 항으로 표시하기 위해 등류인 경우에 수로경사 $S_0 = S_w = S_f = h_f/l$로 놓을 수 있다. 그리고 h_f 대신에 Darcy-Weisbach 공식을 이용하여 나타내면 $\tau_0 = \dfrac{f\rho V^2}{8}$이다. 이 식과 $\tau_0 = \gamma RS_0$을 같게 놓고 평균유속 V에 관해 정리하면

$V = \sqrt{\dfrac{8g}{f}}\sqrt{RS_0} = C\sqrt{RS_0}$이다. 이 식은 등류에 대한 Chezy의 **평균유속공식**이며

C를 Chezy의 계수라고 부르고 Chezy의 계수 C와 Manning의 조도계수 n과의 관계는

$C = \dfrac{R^{1/6}}{n}$이며 Manning의 **평균유속공식**은 $V = \dfrac{1}{n}R^{2/3}S^{1/2}$이다.

17 수심 2 m, 폭 4 m, 경사 0.0004인 직사각형 단면수로에서 유량 14.56 m³/s가 흐르고 있다. 이 흐름에서 수로표면 조도계수(n)는? (단, Manning 공식 사용)

① 0.0096 ② 0.01099 ③ 0.02096 ④ 0.03099

풀이 $Q = AV = by\frac{1}{n}R^{2/3}S^{1/2}$에서

$$14.56 = (2)(4)\frac{1}{n}(\frac{2\times4}{2\times2+4})^{2/3}0.0004^{1/2}$$

$$n = 0.01099$$

정답 ②

18 직사각형의 단면(폭 4 m × 수심 2 m) 개수로에서 Manning 공식의 조도계수 $n=0.017$이고 유량 $Q=15\text{m}^3/\text{s}$일 때 수로의 경사(I)는?

① 1.016×10^{-3} ② 4.548×10^{-3}

③ 15.365×10^{-3} ④ 31.875×10^{-3}

풀이 $Q = AV = by\frac{1}{n}R^{2/3}S^{1/2}$에서

$$15 = (4)(2)\frac{1}{0.017}(\frac{2\times4}{2\times2+4})^{2/3}I^{1/2}$$

$$I = 1.016\times10^{-3}$$

정답 ①

19 수심에 비해 수로 폭이 매우 큰 사각형 수로에 유량 Q가 흐르고 있다. 동수경사를 I, 평균유속계수를 C라고 할 때 Chezy 공식에 의한 수심은? (단, h : 수심, B : 수로 폭)

① $h=\frac{3}{2}\left(\frac{Q}{C^2B^2I}\right)^{1/3}$ ② $h=\left(\frac{Q^2}{C^2B^2I}\right)^{1/3}$

③ $h=\left(\frac{Q}{C^2B^2I}\right)^{2/3}$ ④ $h=\left(\frac{Q^2}{C^2B^2I}\right)^{7/10}$

풀이 $Q = AV = (Bh)(C\sqrt{RI})$

$= (Bh)(C\sqrt{hI}) = Bh^{3/2}CI^{1/2}$

(광폭 수로에서 $R\approx h$임)

이 식에서 $h = (\frac{Q}{BCI^{1/2}})^{2/3} = (\frac{Q^2}{B^2C^2I})^{1/3}$

정답 ②

20 그림과 같은 개수로에서 수로경사 $S_0 = 0.001$, Manning의 조도계수 $n = 0.002$일 때 유량은?

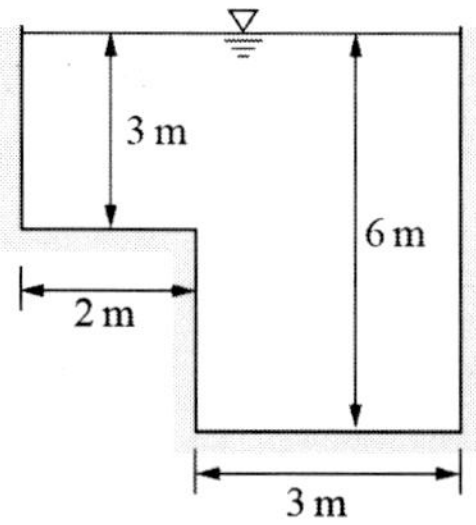

① 약 150 m^3/s　② 약 320 m^3/s　③ 약 480 m^3/s　④ 약 540 m^3/s

풀이 $A = (3\times2) + (6\times3) = 24\ m^2$

$$R = \frac{A}{P} = \frac{24}{3+2+3+3+6} = 1.412\ m$$

$$Q = AV$$

$$= (24)\left(\frac{1}{0.002}\times1.412^{2/3}\times0.001^{1/2}\right)$$

$$= 477.6\ m^3/s$$

정답 ③

21 조도계수 $n = 0.03$, 수면경사 1/10,000인 직사각형 수로에 유량이 100 m^3이 되게 하려고 할 때, 수리상 유리한 단면의 폭(B)은? (단, Manning의 평균 유속공식을 적용)

① 8.48 m　② 10.52 m　③ 12.97 m　④ 15.57 m

풀이 직사각형 수로에서 폭 b, 수심 h라 하면 수리상 유리한 단면의 조건은 $b = 2h$이다.

동수반경 $R = \frac{A}{P} = \frac{(2h)(h)}{h+2h+h} = \frac{h}{2}$

$A = bh = 2h\times h = 2h^2$이다.

$Q = A\frac{1}{n}R^{2/3}S^{1/2}$에 대입하면,

$Q = 2h^2\frac{1}{n}\left(\frac{h}{2}\right)^{2/3}S^{1/2}$, $100 = 2h^2\frac{1}{0.03}\left(\frac{h}{2}\right)^{2/3}\left(\frac{1}{10000}\right)^{1/2}$

$238.11 = h^{8/3}$, $h = 7.79m$, $b = 2\times7.79 = 15.58\ m$

정답 ④

22 유량 45 m^3/s이 흐르는 직사각형 수로에서 수면경사가 0.001인 조건에서 가장 유리한 단면이 되기 위한 수로 폭의 크기는? 단, Manning의 조도계수 $n = 0.035$이다.

① 8.66 m　　② 8.28 m
③ 7.94 m　　④ 7.48 m

풀이 직사각형 수로에서 폭 b, 수심 h라 하면 수리상 유리한 단면의 조건은 $b=2h$이다.
Manning 공식을 이용하면,

$$(2h\times h)\frac{1}{0.035}\left(\frac{2h\times h}{2h+h+h}\right)^{2/3}(0.001)^{1/2}=45$$

$h=3.97$ m, 폭 $b=2h=7.94$ m

정답 ③

등류/통수능

등류의 계산은 등류 공식과 흐름의 연속방정식을 이용하면 해결된다. Manning 공식을 이용하여 유량을 구하면 다음과 같다.

$$Q = AV = \frac{1}{n}AR^{2/3}S_0^{1/2} = KS_0^{1/2}$$

여기서, $K = \frac{1}{n}AR^{2/3}$ 이다. K는 단면의 기하학적 형상과 조도계수에 관련된 것으로 수로 단면의 통수능(conveyance)이라고 한다. 통수능은 수로 단면의 유수 소통 능력을 의미한다. 등류 유량은 단면의 형상, 조도계수, 수로경사, 등류수심에 의해 결정된다. 등류의 계산에서 등류 유량(혹은 평균유속), 등류 수심, 수로 경사 등을 계산하는 것이 실무에서 많이 접하는 문제이다. 단면의 제원이 주어지고 등류 수심이 결정되면 이 수심을 유지하기 위한 등류 유량을 계산할 수 있다.

수리상 유리한(경제적) 단면

인공수로를 설계할 때에 통상적으로 등류로 설계한다. 등류 수로의 설계에서 수로의 경사와 조도가 정해진 경우에 유량은 단면적이 크거나 동수반경이 크면 증가한다.

$$Q = AV = \frac{1}{n}AR^{2/3}S_0^{1/2}$$

만일 단면적이 일정한 경우에 동수반경이 커지면 유량은 증가하는데, 이때 단면적이 일정하기 때문에 윤변이 최소가 될 때를 의미한다. 가장 경제적인 단면의 결정은 개수로 설계에 중요하다. 즉, 단면적이 일정한 경우에 동수반경이 크거나 또는 윤변이 최소가 되어 유량이 최대가 되는 단면을 수리상 유리한 단면(최적 수리단면, 최량수리단면, best hydraulic section)이라고 한다.

(1) 직사각형 수로에서 수로폭을 b, 수심을 y라고 할 때 수리상 유리한 단면은 $y = \frac{b}{2}$, 또는 $b = 2y$이다.

(2) 사다리꼴 수로에서 수리상 유리한 단면은 $\theta=60^o$이다. 각 제원을 수심의 항으로 나타낼 수 있다. 윤변 $P=2\sqrt{3}\,y$, 밑변 $b=\dfrac{2\sqrt{3}}{3}y$, 면적 $A=\sqrt{3}\,y^2$이다. $P=3b$이며 $\theta=60^o$이므로 사다리꼴 단면에서 수리상 유리한 단면은 정육각형의 1/2이다. 이 조건에서 동수반경 $R=\dfrac{y}{2}$이다. 경심을 동수반경이라고도 한다.

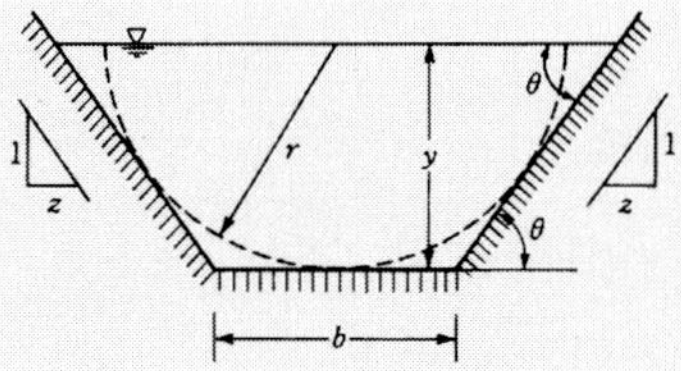

23 개수로에서 수로 수심이 1.5 m인 직사각형단면일 때 수리적으로 유리한 단면으로 계산한 수로의 경심(동수반경)은?

① 0.75 m ② 1.0 m ③ 1.25 m ④ 1.5 m

풀이 직사각형 수로에서 폭 b, 수심 h라 하면 수리상 유리한 단면의 조건은 $b=2h$이다. 동수반경은,

$$R=\frac{A}{P}=\frac{(2h)(h)}{h+2h+h}=\frac{h}{2}=\frac{1.5}{2}=0.75\text{ m}$$

정답 ①

24 수리학상 유리한 단면에 관한 설명 중 옳지 않은 것은?

① 주어진 단면에서 윤변이 최소가 되는 단면이다.
② 직사각형 단면일 경우 수심이 폭의 1/2인 단면이다.
③ 최대유량의 소통을 가능하게 하는 가장 경제적인 단면이다.
④ 수심을 반지름으로 하는 반원을 외접원으로 하는 제형단면이다.

풀이 수심을 반지름으로 하는 반원을 내접원으로 하는 사다리꼴 단면이다.

정답 ④

25 직사각형 단면 개수로에서 수심이 1 m, 평균유속이 4.5 m/s, 에너지 보정계수 $\alpha=1.0$일 때 비에너지(H_e)는?

① 1.03 m ② 2.03 m ③ 3.03 m ④ 4.03 m

정답 ②

26 수로의 경사 및 단면의 형상이 주어질 때 최대 유량이 흐르는 조건은?

① 수심이 최소이거나 경심이 최대일 때
② 윤변이 최대이거나 경심이 최소일 때
③ 윤변이 최소이거나 경심이 최대일 때
④ 수로폭이 최소이거나 수심이 최대일 때

정답 ③

27 Manning 공식을 사용한 개수로 내 등류의 통수능通水能 K_0는? (단, A_0 : 유수단면적, n : 조도계수, R_0 : 수리평균심, I_0 : 등류 때의 수면경사이다.)

① $A_0 \frac{1}{n} R_0^{\frac{2}{3}} I_0^{\frac{1}{2}}$ ② $\frac{1}{n} R_0^{\frac{2}{3}}$ ③ $\frac{1}{n} A_0 R_0^{\frac{2}{3}}$ ④ $A_0 R_0^{\frac{2}{3}}$

정답 ③

28 다음 그림과 같은 사다리꼴 수로에서 수리상 유리한 단면으로 설계된 경우의 조건은?

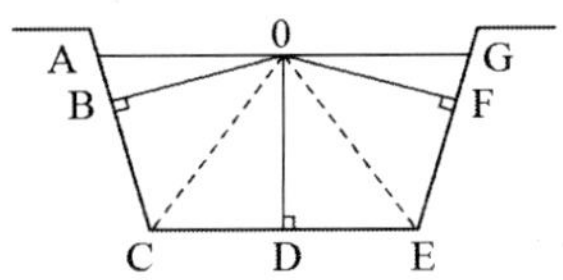

① OB = OD = OF ② OA = OD = OG
③ OC = OG + OA = OE ④ OA = OC = OE = OG

정답 ①

29 수리학적으로 유리한 단면에 관한 내용으로 옳지 않은 것은?

① 동수반경을 최대로 하는 단면이다.
② 구형에서는 수심이 폭의 반과 같다.
③ 사다리꼴에서는 동수반경이 수심이 반과 같다.
④ 수리학적으로 가장 유리한 단면의 형태는 이등변 직각삼각형이다.

풀이 구형이란 한자로 矩形이며 사각 형상을 말한다. 수리학적으로 가장 유리한 단면의 형태는 이론적으로 원형이다.

정답 ④

30 주어진 유량에 대한 비에너지(specific energy)가 3 m 일 때, 한계수심은?

① 1 m ② 1.5 m ③ 2 m ④ 2.5 m

풀이 한계수심 $y_c = \frac{2}{3}E_{min} = \frac{2}{3}(3) = 2\text{ m}$

* 참고 : 이 문제는 직사각형 수로에서 맞다.

정답 ③

31 개수로 흐름에서 비에너지 정의로 옳은 것은?

① 단위 중량의 물이 가지고 있는 에너지로 수심과 속도수두의 합
② 수로의 한 단면에서 물이 가지고 있는 에너지를 단면적으로 나눈 값
③ 수로의 두 단면에서 물이 가지고 있는 에너지를 수심으로 나눈 값
④ 압력에너지와 속도에너지의 비

풀이 비에너지는 개수로 흐름에서 수로 바닥을 기준으로 측정된 에너지를 말한다. 속도수두와 수심의 합이며 단위중량의 물이 갖는 역학적 에너지라 한다.

정답 ①

32 수면폭이 1.2 m인 V형 삼각 수로에서 2.8 m^3/s의 유량이 0.9 m 수심으로 흐른다면 이때의 비에너지는? (단, 에너지 보정계수 $\alpha = 1.0$로 가정한다.)

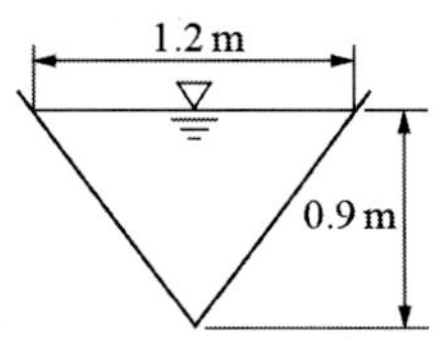

① 0.9 m ② 1.14 m ③ 1.84 m ④ 2.27 m

풀이 비에너지 $E = y + \frac{V^2}{2g}$

$$E = 0.9 + \frac{5.19^2}{2 \times 9.8} = 2.27\text{ m}$$

유속 $V = \frac{Q}{A} = \frac{2.8}{(1.2 \times 0.9/2)} = 5.19\text{ m/s}$

정답 ④

33 사각형 개수로 단면에서 한계수심(h_c)과 비에너지(h_e)의 관계로 옳은 것은?

① $h_c = \frac{2}{3}h_e$ ② $h_c = h_e$ ③ $h_c = \frac{3}{2}h_e$ ④ $h_c = 2h_e$

정답 ①

34 직사각형 단면의 수로에서 최소비에너지가 1.5 m라면 단위폭당 최대유량은? (단, 에너지 보정계수는 1.0이다.)

① 2.86 m^3/s/m ② 2.98 m^3/s/m ③ 3.13 m^3/s/m ④ 3.32 m^3/s/m

정답 ③

한계수심/비에너지

직사각형 수로에서 면적 $A = Ty$라면,

$$\frac{Q^2 T_c}{gA_c^3} = \frac{Q^2 T_c}{gT_c^3 y_c^3} = \frac{q^2}{gy_c^3} = 1$$

$q = Q/T$로서 단위폭당 유량이다. 한계수심 y_c는,

$$y_c = (\frac{q^2}{g})^{1/3}, \; q = \sqrt{gy_c^3}$$

한계유속은 $V_c = \frac{q}{y_c} = \sqrt{gy_c}$

유량이 일정할 때 한계수심에서 비에너지는 최소가 된다.

$$E_{\min} = \frac{V_c^2}{2g} + y_c = \frac{3}{2}y_c \; , \; y_c = \frac{2}{3}E_{\min}$$

일반적인 단면을 $A = ay^n$으로 나타낸다면, 한계수심은 $y_c = (\frac{nQ^2}{ga^2})^{1/(2n+1)}$이다. 예를 들면 직사각형 단면이라면 $n = 1$, $a = b$일 때, $y_c = (\frac{Q^2}{gb^2})^{1/3} = (\frac{q^2}{g})^{1/3}$이다.

개수로 흐름에서 수로 바닥을 기준으로 측정된 에너지를 비에너지(specfic energy)라고 한다. 길이의 차원을 갖는다. 즉, 속도수두와 수심의 합이며 단위중량의 물이 갖는 역학적 에너지라고 할 수 있다.

$$E = \frac{V^2}{2g} + y$$

35 수로 폭이 3 m인 직사각형 개수로에서 비에너지가 1.5 m일 경우의 최대유량은? (단, 에너지 보정계수는 1.0이다.)

① 9.39 m^3/s ② 44.50 m^3/s ③ 14.09 m^3/s ④ 17.25 m^3/s

풀이 한계수심 $y_c = \frac{2}{3}E_{min} = \frac{2}{3}1.5 = 1.0\ \text{m}$,

한계수심 $y_c = \sqrt[3]{\frac{q^2}{g}}$ 에서,

$q = (y_c^3 g)^{1/2} = (1.0^3 \times 9.8)^{1/2} = 3.13\ \text{m}^3/\text{s/m}$

$Q = 3.13 \times 3 = 9.39\ \text{m}^3/\text{s}$

정답 ①

36 최소비에너지가 1 m인 직사각형 수로에서 단위폭당 최대유량은?

① 2.89 m^3/s ② 2.37 m^3/s ③ 1.70 m^3/s ④ 1.28 m^3/s

풀이 직사각형 수로에서 단위폭당 최대유량으로 흐르기 위해서는 한계수심일 때이다. 최소비에너지와 한계수심의 관계는,

$y_c = \frac{2}{3}E_{min} = \frac{2}{3}1 = 0.67\ \text{m}$이다.

한계수심 $y_c = \sqrt[3]{\frac{q^2}{g}}$ 에서,

$q = (y_c^3 g)^{1/2} = (0.67^3 \times 9.8)^{1/2} = 1.71\ \text{m}^3/\text{s/m}$

정답 ③

37 폭 8 m의 구형단면 수로에 40 m^3/s이 물을 수심 5 m호 흐르게 할 때, 비에너지는? (단, 에너지 보정계수 $\alpha = 1.11$로 가정한다.)

① 5.06 m ② 5.87 m ③ 6.19 m ④ 6.73 m

풀이 $E = y + \alpha\frac{V^2}{2g}$

$= 5 + (1.11)\frac{1^2}{2 \times 9.8} = 5.06\ \text{m}$

여기서 $V = \frac{Q}{A} = \frac{40}{8 \times 5} = 1\ \text{m/s}$이다.

정답 ①

38 수심 h, 단면적 A, 유량 Q로 흐르고 있는 개수로에서 에너지 보정계수를 α라고 할 때 비에너지 H_e를 구하는 식은? (단, g =중력가속도)

① $H_e = h + \alpha(\frac{Q}{A})$　　② $H_e = h + \alpha(\frac{Q}{A})^2$

③ $H_e = h + \alpha(\frac{Q^2}{2g})$　　④ $H_e = h + \frac{\alpha}{2g}(\frac{Q}{A})^2$

정답 ④

39 직사각형 단면수로의 폭이 5 m이고 한계수심이 1 m일 때의 유량은? (단, 에너지 보정계수 α = 1.0)

① 15.64 m^3/s　② 10.75 m^3/s　③ 9.80 m^3/s　④ 3.13 m^3/s

풀이 한계수심 $y_c = \sqrt[3]{\frac{q^2}{g}}$ 에서,

$q = (y_c^3 g)^{1/2} = (1.0^3 \times 9.8)^{1/2} = 3.13\ m^3/s/m$

$Q = 3.13 \times 5 = 15.65\ m^3/s$

정답 ①

40 개수로 내의 흐름에서 비에너지(specificenergy, H_e)가 일정할 때, 최대 유량이 생기는 수심이 h로 옳은 것은? (단, 개수로의 단면은 직사각형이고, α =1이다.)

① $h = H_e$　② $h = \frac{1}{2}H_e$　③ $h = \frac{2}{3}H_e$　④ $h = \frac{3}{4}H_e$

정답 ③

41 개수로에서 한계수심에 대한 설명으로 옳은 것은?

① 사류 흐름의 수심　② 상류 흐름의 수심

③ 비에너지가 최대일 때의 수심　④ 비에너지가 최소일 때의 수심

풀이 비에너지가 최소일 때 수심이 한계수심이며 이 때 유량은 최대이다.

정답 ④

42 폭이 넓은 개수로($R \fallingdotseq h_c$)에서 Chezy의 평균유속계수 $C=29$, 수로경사 $I=\dfrac{1}{80}$인 하천의 흐름 상태는? (단, $\alpha=1.11$이다.)

① $I_c=\dfrac{1}{105}$로 사류

② $I_c=\dfrac{1}{95}$로 사류

③ $I_c=\dfrac{1}{70}$로 상류

④ $I_c=\dfrac{1}{50}$로 상류

풀이 $V=C\sqrt{RI} \fallingdotseq C\sqrt{hI}$(광폭 수로)

$Q=bh_cC\sqrt{h_cI_c}$에서 $h_c=(\dfrac{Q}{I_c^{1/2}Cb})^{2/3}$이고,

직사각형 수로의 한계수심은 $h_c=(\dfrac{\alpha Q^2}{gb^2})^{1/3}$이다.

두 식을 동일하게 놓고 정리하면, $(\dfrac{Q}{I_c^{1/2}Cb})^{2/3}=(\dfrac{\alpha Q^2}{gb^2})^{1/3}$이다.

이 식에서 I_c에 관해 정리하면,

$I_c=\dfrac{g}{\alpha C^2}=\dfrac{9.8}{1.11\times 29^2}=0.0105=\dfrac{1}{95}$이다.

$\dfrac{1}{80}>\dfrac{1}{95}$이다. 즉 한계경사 보다 수로경사가 크므로 사류이다.

정답 ②

43 폭 9 m의 직사각형수로에 16.2 m³/s의 유량이 92 cm의 수심으로 흐르고 있다. 장파의 전파속도 C와 비에너지 E는?

① $C=2.0$ m/s, $E=1.015$ m

② $C=2.0$ m/s, $E=1.115$ m

③ $C=3.0$ m/s, $E=1.015$ m

④ $C=3.0$ m/s, $E=1.115$ m

풀이 $V=\dfrac{Q}{A}=\dfrac{16.2}{0.92\times 9}=1.96$ m/s

장파 전파 속도 $=\sqrt{gh}=\sqrt{9.8\times 0.92}=3.0$ m/s

비에너지

$E=y+\dfrac{V^2}{2g}$

$=0.92+\dfrac{1.96^2}{2\times 9.8}=1.116$ m

정답 ④

44 비에너지와 한계수심에 관한 설명으로 옳지 않은 것은?

① 비에너지가 일정할 때 한계수심으로 흐르면 유량이 최소가 된다.
② 유량이 일정할 때 비에너지가 최소가 되는 수심이 한계수심이다.
③ 비에너지는 수로 바닥을 기준으로 하는 흐름의 전 에너지이다.
④ 유량이 일정할 때 직사각형 단면 수로의 한계수심은 최소 비에너지의 $\frac{2}{3}$ 이다.

정답 ①

45 한계수심에 대한 설명으로 틀린 것은?

① 한계유속으로 흐르고 있는 수로에서 수심
② 흐루드 수(Froude number)가 1인 흐름에서의 수심
③ 일정한 유량을 흐르게 할 때 비에너지를 최대로 하는 수심
④ 일정한 비에너지 아래에서 최대유량을 흐르게 할 수 있는 수심

풀이 한계수심일 때 비에너지는 최소이다.

정답 ③

46 개수로 내 흐름에 있어서 한계수심에 대한 설명으로 옳은 것은?

① 상류 쪽의 저항이 하류 쪽의 조건에 따라 변한다.
② 유량이 일정할 때 비력이 최대가 된다.
③ 유량이 일정할 때 비에너지가 최소가 된다.
④ 비에너지가 일정할 때 유량이 최소가 된다.

정답 ③

47 도수 전후의 수심이 각각 1 m, 3 m일 때 에너지손실은?

① $\frac{1}{3}$ m　② $\frac{1}{2}$ m　③ $\frac{2}{3}$ m　④ $\frac{4}{5}$ m

풀이 $\Delta E = \frac{(h_2 - h_1)^3}{4h_1h_2} = \frac{(3-1)^3}{4\times1\times3} = \frac{2}{3}$ m

정답 ③

48 개수로에서 도수가 발생할 때 도수 전의 수심이 0.5 m, 유속이 7 m/s이면 도수 후의 수심은?

① 2.5 m ② 2.0 m ③ 1.8 m ④ 1.5 m

풀이 도수 전의 프루드 수

$$F_{r1} = \frac{V_1}{\sqrt{gD_1}} = \frac{7}{\sqrt{9.8 \times 0.5}} = 3.16(\text{사류})$$

도수 후의 수심,

$$\begin{aligned} y_2 &= -\frac{y_1}{2} + \frac{y_1}{2}\sqrt{1+8F_{r1}^2} \\ &= -\frac{0.5}{2} + \frac{0.5}{2}\sqrt{1+8\times 3.16^2} \\ &= 1.998 = 2.0\ \text{m} \end{aligned}$$

정답 ②

도수현상

댐의 여수로와 같은 급경사 수로를 통해서 물이 흐르다가 여수로 하단부에 연결되어 있는 감세공과 같은 완경사 수로(또는 수평 수로)를 통해서 물이 흐를 때 감세공 위에서 도수현상이 발생된다. 이때 급경사 수로인 여수로에서 유속은 빠르고 이로 인해 마찰로 인한 비에너지 손실이 크고 수심은 작은 사류이다. 계속해서 흐름은 불연속적으로 튀면서 수면이 불안정하게 되고 이후에 유속은 감소되고 수심은 증가되면서 안정상태의 상류로 변한다. 또한 흐름 상태가 변하면서 와류가 발생되어 공기가 흡입되기 때문에 물의 밀도는 작아진다. 사류에서 상류로 변할 때 상당한 크기의 에너지손실을 수반시키는 도수현상의 해석을 위해서 운동량방정식이 적용된다.
도수 전과 후의 수심은,

$$y_2 = -\frac{y_1}{2} + \frac{y_1}{2}\left(\sqrt{1+\frac{8V_1^2}{gy_1}}\right)$$

도수로 인해 와류가 발생됨으로써 에너지 손실이 발생되는데, 그 크기는 도수 전후의 흐름 에너지 차에 의해 구할 수 있다. 즉,

$$\Delta E = E_1 - E_2 = \left(y_1 + \frac{V_1^2}{2g}\right) - \left(y_2 + \frac{V_2^2}{2g}\right)$$

도수 전후의 수심으로 나타내면 도수로 인한 에너지 손실은,

$$\Delta E = \frac{(y_2 - y_1)^3}{4y_1 y_2}$$

도수의 길이는 Smetana의 공식이 주로 사용된다.

$$L = 6(y_2 - y_1)$$

49 광폭 직사각형 단면 수로의 단위폭당 유량이 16 m^3/s일 때, 한계경사는?(단, 수로의 조도계수 $n=0.020$이다.)

① 3.27×10^{-3} ② 2.73×10^{-3} ③ 2.81×10^{-2} ④ 2.90×10^{-2}

풀이 광폭 구형 수로인 경우에 $R\simeq y$이다. 그러므로 유량 $Q=AV=by\frac{1}{n}y^{2/3}S^{1/2}$이다. 단위폭당 유량,

$q=Q/b=y\frac{1}{n}y^{2/3}S^{1/2}$이다. S를 한계경사라 하면 한계류일 때 한계수심은 $y_c=(\frac{q^2}{g})^{1/3}$이다.

$y_c=(\frac{16^2}{9.8})^{1/3}=2.97\text{ m}$이다.

$16=(2.97)^{5/3}\frac{1}{0.02}S^{1/2}$, $S=0.0027=2.7\times10^{-3}$

정답 ②

50 댐 여수로 내 물받이(apron)에서 시점수위가 3.0 m이고, 폭이 50 m, 방류량이 2000 m^3/s인 경우, 하류수심은?

① 2.5 m ② 8.0 m ③ 9.0 m ④ 13.3 m

풀이 $Q=by_1V_1$, $(3.0)(50)V_1=2000$,

$V_1=13.3\text{ m/s}$

$F_{r1}^2=\frac{V_1^2}{gh_1}=\frac{13.3^2}{(9.8)(3.0)}=6.017$

$y_2=-\frac{y_1}{2}+\frac{y_1}{2}\sqrt{1+8F_{r1}^2}$

$=-\frac{3.0}{2}+\frac{3.0}{2}\sqrt{1+8\times6.017}=9.01\text{ m}$

정답 ③

51 댐의 여수로에서 도수를 발생시키는 목적 중 가장 중요한 것은?

① 유수의 에너지 감세
② 취수를 위한 수위상승
③ 댐 하류부에서의 유속의 증가
④ 댐 하류부에서의 유량의 증가

정답 ①

52 도수(hydraulic jump)에 대한 설명으로 옳은 것은?

① 수문을 급히 개방할 경우 하류로 전파되는 흐름
② 유속이 파의 전파속도보다 작은 흐름
③ 상류에서 사류로 변할 때 발생하는 현상
④ Froude수가 1보다 큰 흐름에서 1보다 작아질 때 발생하는 현상

정답 ④

53 도수가 15 m 폭의 수문 하류 측에서 발생되었다. 도수가 일어나기 전의 깊이가 1.5 m이고 그 때의 유속은 18 m/s였다. 도수로 인한 에너지 손실 수두는? (단, 에너지 보정계수 $\alpha=1$이다.)

① 3.24 m ② 5.40 m ③ 7.62 m ④ 8.34 m

풀이 도수 후의 수심,

$$F_{r1}^2=\frac{V_1^2}{gh_1}=\frac{18^2}{(9.8)(1.5)}=22.0$$

$$y_2=-\frac{y_1}{2}+\frac{y_1}{2}\sqrt{1+8F_{r1}^2}$$

$$=-\frac{1.5}{2}+\frac{1.5}{2}\sqrt{1+8\times22}$$

$$=9.2\text{ m}$$

$$\Delta E=\frac{(h_2-h_1)^3}{4h_1h_2}=\frac{(9.2-1.5)^3}{4\times1.5\times9.2}=8.3\text{ m}$$

정답 ④

54 도수(hydraulic jump) 전후의 수심 h_1, h_2의 간계를 도수 전의 Froude 수 Fr_1의 함수로 표시한 것으로 옳은 것은?

① $\frac{h_1}{h_2}=\frac{1}{2}(\sqrt{8F_{r1}^2+1}-1)$ ② $\frac{h_1}{h_2}=\frac{1}{2}(\sqrt{8F_{r1}^2+1}+1)$

③ $\frac{h_2}{h_1}=\frac{1}{2}(\sqrt{8F_{r1}^2+1}-1)$ ④ $\frac{h_2}{h_1}=\frac{1}{2}(\sqrt{8F_{r1}^2+1}+1)$

정답 ③

55 개수로 흐름에 대한 설명으로 틀린 것은?

① 한계류 상태에서는 수심의 크기가 속도수두의 2배가 된다.
② 유량이 일정할 때 상류에서는 수심이 작아질수록 유속은 커진다.
③ 비에너지는 수평기준면을 기준으로 한 단위무게의 유수가 가진 에너지를 말한다.
④ 흐름이 사류에서 상류로 바뀔 때에는 도수와 함께 큰 에너지 손실을 동반한다.

풀이 한계류일 때 $V_c = \sqrt{gh_c}$ 이다. 이 식을 한계수심에 관해 정리하면, $h_c = 2(\frac{V_c^2}{2g})$ 이다.

유량 Q가 일정할 때 비에너지 $E = y + \frac{V^2}{2g}$ 이다. 이 식에서 임의 E에 대해 수심 y가 작아지면 유속 V가 커진다.

비에너지는 수로 바닥을 기준으로 단위무게의 유수가 가진 에너지를 말한다.

정답 ③

56 다음 중 도수(Hydraulic Jump)의 길이산정에 관한 공식이 아닌 것은?

① Safranez 공식 ② Smetana 공식
③ Bakhmeteff-Matzke 공식 ④ Chezy 공식

정답 ④

57 댐의 상류부에서 발생되는 수면곡선으로 흐름방향으로 수심이 증가함을 뜻하는 곡선은?

① 배수곡선 ② 저하곡선
③ 수리특성곡선 ④ 유사량곡선

정답 ①

비력

임의 두 단면에서 물의 단위무게 당 정수압항과 동수압항 합은 동일하다. 이를 비력(specific force) M이라고 한다. 즉,

$$y_{G1} A_1 + \frac{Q^2}{gA_1} = y_{G2} A_2 + \frac{Q^2}{gA_2}$$

$$M = y_G A + \frac{Q^2}{gA} = constant$$

여기서 y_{G1}과 y_{G2}는 자유수면에서 단면 A_1과 A_2의 도심까지의 거리이다.

58 비력(specific force)에 대한 설명으로 옳은 것은?

① 물의 충격에 의해 생기는 힘의 크기
② 비에너지가 최대가 되는 수심에서의 에너지
③ 한계수심으로 흐를 때 한 단면에서의 총 에너지 크기
④ 개수로의 어떤 단면에서 단위중량당 동수압과 정수압의 합계

정답 ④

59 개수로 점변류를 설명하는 $\frac{dy}{dx}$에 대한 설명으로 틀린 것은?(단, y는 수심, x는 수평좌표를 나타낸다.)

① $\frac{dy}{dx}=0$이면 등류이다.
② $\frac{dy}{dx}>0$이면 수심은 증가한다.
③ 경사가 수평인 수로에서는 항상 $\frac{dy}{dx}=0$이다.
④ 흐름방향 x에 대한 수심 y의 변화를 나타낸다.

풀이 $\frac{dy}{dx}$는 수로경사와 관계없이 수로바닥을 기준으로 수심 변화를 나타낸다.

정답 ③

60 그림과 같은 부등류 흐름에서 y는 실제수심, y_c는 한계수심, y_n은 등류수심을 표시한다. 그림의 수로경사에 관한 설명과 수면형 명칭으로 옳은 것은?

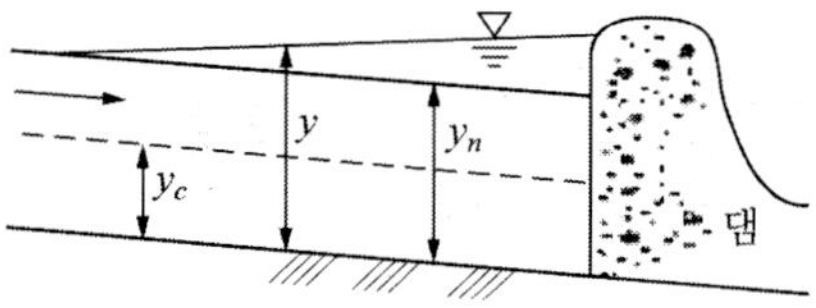

① 완경사 수로에서의 배수곡선이며 M_1곡선
② 급경사 수로에서의 배수곡선이며 S_1곡선
③ 완경사 수로에서의 배수곡선이며 M_2곡선
④ 급경사 수로에서의 저하곡선이며 S_2곡선

정답 ①

61 배수곡선(backwater curve)에 해당하는 수면곡선은?

① 댐을 월류할 때의 수면곡선
② 홍수시의 하천의 수면곡선
③ 하천 단락부(段落部) 상류의 수면곡선
④ 상류 상태로 흐르는 하천에 댐을 구축했을 때 저수지의 수면곡선

정답 ④

점변류의 수면곡선식

$$\frac{dy}{dx} = \frac{S_0 - S_f}{1 - Fr^2}$$

dy/dx는 수로바닥을 기준으로 한 수심의 변화율을 나타내고 있다. S_0는 수로경사이다. 식의 형태는 간단하지만 S_f(에너지 경사)와 Fr이 y에 종속인 비선형 형태이므로 해석적 방법으로 수면곡선식의 해를 얻기가 어렵다 .흐름 방향에 대해 단면이 균일할 때 dy/dx 값이 (+)이면 흐름 방향에 대해서 수심이 증가하며 이 수면을 **배수곡선**(backwater curve)이라 한다. 반대로 (-)이면 흐름 방향에 대해 수심이 감소되며 이를 **저하곡선**(drawdown curve)이라 한다. 또한 dy/dx의 값이 0인 경우는 흐름 방향에 대해 수심의 변화가 없는 것으로서 수로바닥과 평행한 등류 흐름이다.

62 완경사 수로에서 배수곡선(M1)이 발생할 경우에 각 수심간의 관계로 옳은 것은? (단, 흐름은 완경사의 상류흐름 조건이고, y는 측정수심, y_n은 등류수심, y_c는 한계수심)

① $y > y_n > y_c$
② $y < y_n < y_c$
③ $y > y_c > y_n$
④ $y_n > y > y_c$

풀이 수면곡선식 $\frac{dy}{dx} = S_0 \frac{1-(\frac{y_n}{y})^{10/3}}{1-(\frac{y_c}{y})^3}$에서 흐름이 상류이므로 $y_n > y > y_c$ 또는 $y > y_n > y_c$이 되어야 한다. 배수곡선이 되기 위해서 $\frac{dy}{dx} > 0$을 만족해야 하기 위해서는 $y > y_n > y_c$이어야 한다. $y_n > y > y_c$이라면 $\frac{dy}{dx} < 0$이 되어 저하곡선이 된다.

정답 ①

63 개수로에서 수면형(水面形)이 배수곡선으로 되는 수심 h의 범위를 나타내는 것은? (단, h_0 : 등류수심, h_c : 한계수심, h : 고려하는 임의 수심)

① $h_c > h_0 > h$　　② $h_c > h > h_0$

③ $h > h_0 > h_c$　　④ $h_0 > h > h_c$

풀이 Manning 공식에 의한 수면곡선식은,

$$\frac{dh}{dx} = S_0 \frac{1-(\frac{h_0}{h})^{10/3}}{1-(\frac{h_c}{h})^3}$$

$\frac{dh}{dx} > 0$이면 배수곡선이다. 이 경우,

1) $\frac{(+)}{(+)} = (+)$: $h > h_0 > h_c$ 또는 $h > h_c > h_0$

2) $\frac{(-)}{(-)} = (+)$: $h_0 > h_c > h$ 또는 $h_c > h_0 > h$

①은 S3 곡선, ③은 M1 곡선이며 배수곡선이다.

정답 ①, ③

수면곡선분류

폭이 넓은 직사각형수로(동수반경 R 대신에 수심 y를 사용)에 대한 수면곡선식을 나타내기 위해 Manning 공식과 Chezy 공식을 사용하여 나타내면,

Manning 공식 : $$\frac{dy}{dx} = S_0 \frac{1-(\frac{y_n}{y})^{10/3}}{1-(\frac{y_c}{y})^3}$$

Chezy 공식 : $$\frac{dy}{dx} = S_0 \frac{1-(\frac{y_n}{y})^3}{1-(\frac{y_c}{y})^3}$$

완경사 수로(M곡선, $S_0 > 0$, $y_n > y_c$)

M1곡선 : $y > y_n > y_c$　　M2곡선 : $y_n > y > y_c$　　M3곡선 : $y_n > y_c > y$

급경사 수로(S곡선, $S_0 > 0$, $y_n < y_c$)

S1곡선 : $y_n < y_c < y$　　S2곡선 : $y_n < y < y_c$　　S3곡선 : $y < y_n < y_c$

64 일반적인 수로단면에서 단면계수 Z_c와 수심 h의 상관식은 $Z_c^2 = Ch^M$으로 표시할 수 있는데 이 식에서 M은?

① 단면지수 ② 수리지수 ③ 윤변지수 ④ 흐름지수

풀이 점변류의 수면곡선식에서 M과 N은 수리지수이며 Manning 공식 또는 Chezy 공식에 따라 결정된다.

정답 ②

점변류의 수면곡선식

$$\frac{dy}{dx} = \frac{S_0 - S_f}{1 - \frac{Q^2 T}{gA^3}} = \frac{S_0 - S_f}{1 - Fr^2}$$

이 식은 점변류에서 수로 바닥을 기준으로 수심 변화를 나타내는 기본방정식이며 점변류의 수면곡선식이라 부른다. 이 식을 단면계수 $Z = A\sqrt{D}$, 통수능 K를 이용하여 나타내면,

$$\frac{dy}{dx} = S_0 \frac{1 - (\frac{K_n}{K})^2}{1 - (\frac{Z_c}{Z})^2}$$

이다. 통수능 K와 단면계수 Z를 수심으로 변환시켜 나타내면,

$$\frac{dy}{dx} = S_0 \frac{1 - (\frac{y_n}{y})^N}{1 - (\frac{y_c}{y})^M}$$

이다. 지수 M과 N은 수리지수이며 Manning 공식 또는 Chezy 공식에 따라 결정되는 지수이다.

65 수평면상 곡선수로의 상류(常流)에서 비회전 흐름이 경우, 유속 V와 곡률반경 R의 관계로 옳은 것은?

① $V = CR$ ② $VR = C$ ③ $R + \frac{V^2}{2g} = C$ ④ $\frac{V^2}{2g} + CR = 0$

풀이 해설 참고

정답 ②

곡선수로의 흐름

곡선부에서 유속의 평면분포는 일반적으로, 유속 $v=mr^n$이다. 여기서 r는 곡률반경, m, n은 계수이다. 그림의 직선부에서 v는 대략 일정한 분포이며 이때 $n=0$이다.

점차적으로 구부러지며 n값은 작아지고 $\theta=30°\sim60°$일 때 $n=-1$이다. 즉, $v=\frac{m}{r}$이고 흐름은 비회전류가 된다. θ가 이 보다 커지면 n은 0이 되고 유속은 균일분포로 된다. 이 후 θ가 증가하면, $n=1$이 되며 회전류로 변한다(동명사, 수리학). 속도분포를 관찰하기 바란다.

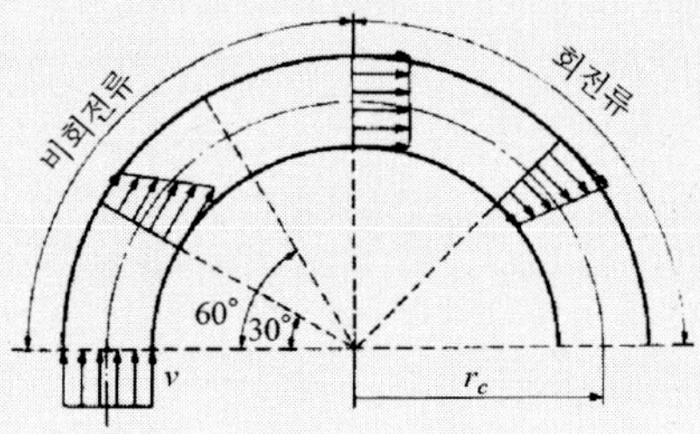

단파(段波, bore)

계단 형태의 불연속적인 파형을 갖는 파를 말한다. 그 예로서 조석단파(潮汐段波)가 있다. 또 개수로에서 갑작스런 흐름 조건의 변화로 발생하는 이동파 또는 일정한 유량이 흐르는 수로에서 수문을 갑자기 열거나 닫을 때 유량의 앞 부분(전선)이 단상이 되어 상류 또는 하류로 전파되는 파를 말한다.

66 단파(hydraulic bore)에 대한 설명으로 옳은 것은?

① 수문을 급히 개방할 경우 하류로 전파되는 흐름
② 유속이 파의 전파속도보다 작은 흐름
③ 댐을 건설하여 상류측 수로에 생기는 수면파
④ 계단식 여수로에 형성되는 흐름의 형상

정답 ①

67 수문을 갑자기 닫아서 물의 흐름을 막으면 상류(上流)쪽의 수면이 갑자기 상승하여 단상(段狀)이 되고, 이것이 상류로 향하여 전파되는 현상을 무엇이라 하는가?

① 장파(長波) ② 단파(段波)
③ 홍수파(洪水波) ④ 파상도수(波狀跳水)

정답 ②

68 미소진폭파(small-amplitude wave)이론에 포함된 가정이 아닌 것은?

① 파장이 수심에 비해 매우 크다. ② 유체는 비압축성이다.
③ 바닥은 평평한 불투수층이다. ④ 파고는 수심에 비해 매우 작다.

풀이 해설 참고

정답 ①

69 수심 10.0 m에서 파속(C_1)이 50.0 m/s인 파랑이 입사각(β_1) 30°로 들어올 때, 수심 8.0 m에서 굴절된 파랑의 입사각(β_2)은?

① 20.58° ② 23.58° ③ 38.68° ④ 46.15°

풀이 Smell 법칙을 적용한다.

$\frac{C_1}{\sin\beta_1}=\frac{C_2}{\sin\beta_2}$ 이다.

$\sin\beta_2=\frac{C_2}{C_1}\sin\beta_1=\frac{40}{50}\sin30^o=0.4$

$\beta_2=\sin^{-1}0.4=23.58^o$

정답 ②

미소진폭파 이론

자유수면에서 일정한 주기를 갖는 2차원 중력파를 말한다. 이 이론을 유도하기 위해 필요한 가정 사항은 다음과 같다.

- 물은 비압축성이고 밀도는 일정하다.
- 유체운동은 비회전이며 속도포텐셜이 존재하고 Laplace방정식을 만족한다.
- 수저(水底)는 수평한 고정상(固定床)이고 불투수층이다.
- 수면에서 압력은 일정하다.
- 파고는 파장과 수심에 비해 대단히 작다.
- 자유수면에서 표면장력과 지구자전으로 인한 코리올리 힘의 효과는 무시한다.
- 파는 파형을 변화시키지 않으며 저파한다.
- 파봉선은 충분히 길고 현상은 2차원이다.

유의파고

- 최대파 : 파군 중에서 가장 큰 파고.
- 유의파고 : 파군 중에서 파고를 크기 순서대로 나열하고 n개의 파고를 평균한다. 이 때 n=3일 때를 유의파고라 하며 일반적으로 $H_{1/3}$로 표시한다. Sverdrup & Munk에 의해 제안되었다.

70 동해의 일본 측으로부터 300 km 파장의 지진해일이 발생하여 수심 3,000 m의 동해를 가로질러 2000 km 떨어진 우리나라 동해안에 도달한다고 할 때, 걸리는 시간은?

① 약 150분　② 약 194분　③ 약 274분　④ 약 332분

풀이 파속

$c = \sqrt{gh} = \sqrt{9.8 \times 3000} = 171.46 m/s$

$파속 = \frac{거리}{시간}$

$시간 = \frac{거리}{파속} = \frac{2000,000}{171.46} = 194.4분$

[참고로 $Fr = \frac{V}{\sqrt{gD}}$ 에서 $\sqrt{gD}$는 표면파의 전파속도이다.]

정답 ②

71 항만을 설계하기 위해 관측한 불규칙 파랑의 주기 및 파고가 다음 표와 같을 때, 유의파고($H_{1/3}$)는?

연번	파고(m)	주기(s)
1	9.5	9.8
2	8.9	9.0
3	7.4	8.0
4	7.3	7.4
5	6.5	7.5
6	5.8	6.5
7	4.2	6.2
8	3.3	4.3
9	3.2	5.6

① 9.0 m　② 8.6 m　③ 8.2 m　④ 7.4 m

풀이 파고를 내림차순으로 정리하여 앞의 3개를 평균하여 구한다. 즉, $\frac{9.5+8.9+7.4}{3} = 8.6\ m$

정답 ②

72 컨테이너 부두 안벽에 입사하는 파랑의 입사파고가 0.8 m이고, 안벽에서 반사된 파랑의 반사파고가 0.3 m일 때 반사율은?

① 0.325　　② 0.375　　③ 0.425　　④ 0.475

풀이 반사율＝반사파고/입사파고＝0.3/0.8＝0.375

정답 ②

73 그림과 같이 단위폭 당 자중이 3.5×10^6 N/m인 직립식 방파제에 1.5×10^6 N/m의 수평 파력이 작용할 때, 방파제의 활동 안전율은? (단, 중력가속도＝10.0 m/s^2, 방파제와 바닥의 마찰계수＝0.7, 해수의 비중＝11로 가정하며, 파랑에 의한 양압력은 무시하고, 부력은 고려한다.)

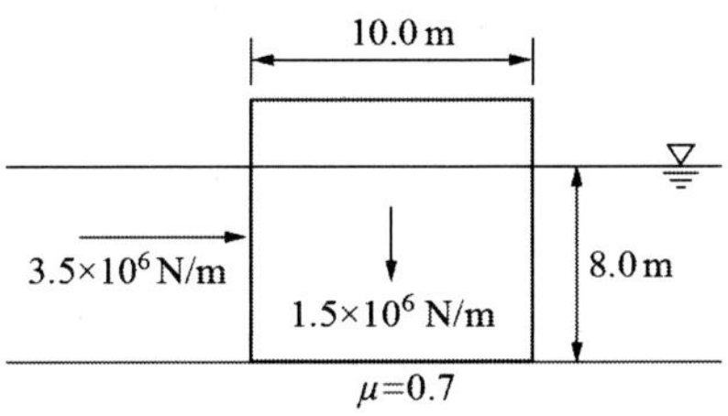

① 1.20　　② 1.22　　③ 1.24　　④ 1.26

풀이 연직방향의 힘은 2개이다. 즉,

부력 $F_b=\gamma Vol\uparrow$, 자중 3.5×10^6 N/m↓, 안전율을 f라 하면,

$f=0.7\times[\ 3.5\times10^6-(1000\times10)(10\times8\times1)]/(1.5\times10^6)$

$=1.26$

정답 ④

74 방파제 건설을 위한 해안지역의 수심이 5.0 m, 입사파랑의 주기가 14.5초인 장파(long wave)의 파장은?(단, 중력가속도 $g=9.8$m/s^2)

① 49.5 m　　② 70.5 m　　③ 101.5 m　　④ 190.5 m

풀이 파속

$c=\sqrt{gh}=\sqrt{9.8\times5}=7$ m/s

$파속=\frac{거리}{시간}$

거리＝(파속)(시간)＝$7\times14.5=101.5$ m

정답 ③

75 수심이 50 m로 일정하고 무한히 넓은 해역에서 주태양반일주조의 (S_2)의 파장은? (단, 주태양반일주조의 주기는 12시간, 중력가속도 $g = 9.81\ m/s^2$이다.)

① 9.56 km ② 98.6 km ③ 956 km ④ 9560 km

풀이 $c = \sqrt{gh} = \sqrt{9.81 \times 50} = 22.15\ m/s$

$파속 = \frac{거리}{시간}$

$거리 = (파속)(시간) = 22.14 \times 12 \times 60 \times 60 = 956760\ m = 956.7\ km$

정답 ③

CHAPTER 06

유체 흐름의 측정

01 구형물체(球形物體)에 대하여 Stokes 법칙이 적용되는 범위에서 항력계수(C_D)는? (단, Re : Reynolds 수)

① $C_D = \frac{1}{Re}$

② $C_D = \frac{4}{Re}$

③ $C_D = \frac{24}{Re}$

④ $C_D = \frac{64}{Re}$

정답 ③

02 흐르는 유체 속에 물체가 있을 때 물체가 유체로부터 받는 힘은?

① 장력(張力)

② 충력(衝力)

③ 항력(抗力)

④ 소류력(掃流力)

정답 ③

03 단위중량 w, 밀도 ρ인 유체가 유속 V로서 수평방향으로 흐르고 있다. 지름 d, 길이 l인 원주가 유체의 흐름방향에 직각으로 중심축을 가지고 놓였을 때 원주에 작용하는 항력(D)은? (단, C는 항력계수이다.)

① $D = C\frac{\pi d^2}{4}\frac{wV^2}{2}$

② $D = C \cdot d \cdot l \frac{\rho V^2}{2g}$

③ $D = C\frac{\pi d^2}{4}\frac{\rho V^2}{2}$

④ $D = C \cdot d \cdot l \frac{wV^2}{2g}$

정답 ②

항력/Stokes 법칙

Stokes 법칙을 이용한 점성계수 측정방법은 물체를 유체 속으로 낙하시켜 침강속도를 측정하여 결정할 수 있다. 그림과 같이 측정하려는 유체를 용기 속에 채우고 球를 낙하시켜 일정한 거리를 낙하하는 데 걸리는 침강속도를 측정하여 점성계수를 결정한다. 가능한 유체와 침강시키려는 球의 밀도 차를 작게 해야 침강속도 측정이 용이하다. 그림에서 유체 속을 낙하하는 球 주위의 흐름 조건이 층류상태이고 그 흐름이 무한대 흐름이라고 가정하면 침강속도 V로 운동하는 직경이 D인 球의 항력 F_D는 힘의 평형 조건에 의해 구할 수 있다. 球에 작용하는 힘은 球의 무게 W, 부력 F_B, 항력 F_D이다. 이들 힘에 평형조건식을 적용시키면,

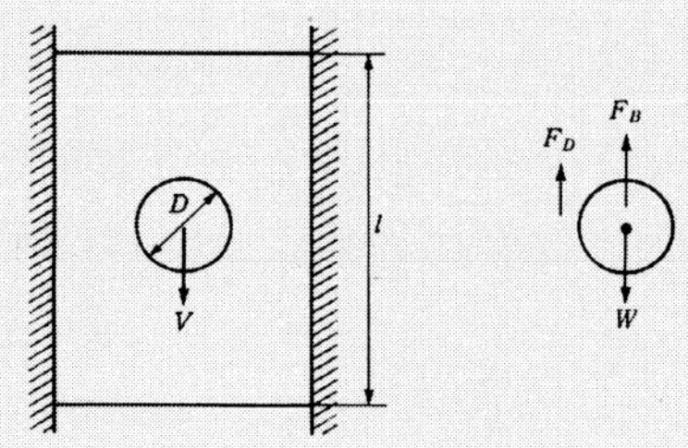

$$W = F_B + F_D$$

일반적으로 항력을 나타내는 식은,

$$F_D = C_D \rho A \frac{V^2}{2}$$

여기서 C_D는 항력계수, ρ는 유체밀도, A는 낙하방향의 입자 투영면적, V는 침강속도이다. 레이놀즈 수가 1.0보다 작으면 항력계수는 오직 레이놀즈 수에 관계가 있으며 이때 $C_D = 24/Re$이다. 이를 Stokes 법칙이라 한다.

04 유수 중에 물체가 있는 경우, 흐름방향의 물체 투영면적을 A, 유체 밀도를 ρ, 그리고 항력계수를 C_D 라고 하면 항력(抗力) D는?

① $C_D A \dfrac{\rho V^2}{2}$ ② $C_D \dfrac{V^2}{2g}$

③ $C_D A \rho V^2$ ④ $C_D A \dfrac{V^2}{2g}$

정답 ①

05 흐르는 물속에 물체가 놓여 있을 때, 물체의 형상에 기인하여 후방에 와(渦; vortex) 등의 후류 발생영역이 나타나 작용하게 되는 힘을 일컫는 용어는?

① 양력(전 저항력) ② 마찰항력(표면저항)
③ 압력항력(압력저항) ④ 조파항력(조파저항)

정답 ③

06 지름 d인 구(球)가 밀도 ρ의 유체 속을 유속 V로 침강할 때 항력(抗力) D는? (단, 항력계수를 C_D 라 한다.)

① $\frac{1}{8}C_D\pi d^2\rho V^2$ ② $\frac{1}{2}C_D\pi d^2\rho V^2$
③ $\frac{1}{4}C_D\pi d^2\rho V^2$ ④ $C_D\pi d^2\rho V^2$

풀이 항력을 $F = C_D A\frac{\rho V^2}{2}$ 라 하면, 여기서 A는 흐름 방향에 대해 물체를 투영한 면적이다. 그러므로

$A = \frac{\pi d^2}{4}$ 이다. 즉,

$$F = C_D A\frac{\rho V^2}{2} = C_D\frac{\pi d^2}{4}\frac{\rho V^2}{2} = \frac{1}{8}C_D\pi d^2\rho V^2$$

정답 ①

침강속도

Stokes 법칙에 $C_D = 24/Re$을 대입하여 정리하면,

$$F_D = 3\pi\mu VD$$

球의 무게와 부력을 구의 직경과 단위중량으로 표현하고 $W = F_B + F_D$에 대입하면,

$$\frac{\pi D^3\gamma_s}{6} = \frac{\pi D^3\gamma}{6} + 3\pi\mu VD$$

여기서 γ_s와 γ는 각각 球와 측정유체의 단위중량이다. 이 식을 유체의 점성계수에 관해 정리하면,

$$\mu = \frac{(\gamma_s - \gamma)D^2}{18V}$$

이 식은 무한대 유체 속에서 구를 낙하시킬 때 성립되기 때문에 일반적으로 보정해 사용된다. 이 식에서 V에 관해 정리하면 침강속도를 구할 수 있다.

07 정지유체에 침강하는 물체가 받는 항력(drag force)의 크기와 관계가 없는 것은?

① 유체의 밀도 ② Frude 수 ③ 물체의 형상 ④ Reynolds

풀이 항력 $F=C_DA\frac{\rho V^2}{2}$이다. 여기서 항력계수 C_D는 레이놀즈 수에 따라 결정된다. A는 흐름방향에 대해 물속에 놓인 물체 형상의 투영면적이다.

정답 ②

08 흐르는 유체 속에 잠겨있는 물체에 작용하는 항력과 관계가 없는 것은?

① 유체의 밀도 ② 물체의 크기 ③ 물체의 형상 ④ 물체의 밀도

정답 ④

09 폭이 2 m, 높이가 9.8 m인 평판이 정지수중에서 5 m/s의 속도로 움직일 때 항력계수가 $C_D=0.2$라면 평판에 작용하는 항력(抗力)은? (단, 무게 1 kg=10 N)

① 10 kN(1 t) ② 25 kN(2.5 t) ③ 30 kN(3 t) ④ 50 kN(5 t)

풀이 무게 1 kg=10 N으로 주어진 문제는 kg으로 해를 구하여 N으로 환산한다.

$$F=C_DA\frac{\rho V^2}{2}$$

$$=(0.2)(2\times 9.8)(\frac{1000}{9.8}\frac{5^2}{2})$$

$$=5000\text{ kg}=5\text{ t}=50\text{ kN}$$

정답 ④

10 하천의 임의 단면에 교량을 설치하고자 한다. 원통형 교각 상류(전면)에 2 m/s의 유속으로 물이 흘러간다면 교각에 가해지는 항력은? (단, 수심은 4 m, 교각의 직경은 2 m, 항력계수는 1.5이다.)

① 16 kN ② 24 kN ③ 43 kN ④ 62 kN

풀이 $F=C_DA\frac{\rho V^2}{2}$

$$=(1.5)(4\times 2)\frac{1000\times 2^2}{2}=24000\text{ N}=24\text{ kN}$$

정답 ②

11 직사각형 단면의 위어에서 수두(h) 측정에 2%의 오차가 발생했을 때 유량(Q)에 발생되는 오차는?

① 1% ② 2% ③ 3% ④ 4%

풀이 직사각형 단면에서,

$$\frac{\Delta Q}{Q}=\frac{3}{2}\frac{\Delta h}{h}=1.5(2)=3\%$$

참고 : 삼각형 단면 $\frac{\Delta Q}{Q}=\frac{5}{2}\frac{\Delta h}{h}$

정답 ③

웨어에서 수심과 유량관계

직사각형 웨어에서 접근유속을 무시한 유량은,

$$Q=\frac{2}{3}Cb\sqrt{2g}\,H^{3/2}$$

이다. 이를 간단하게 나타내면 $Q=k_1H^{3/2}$(k_1 상수)이다. 이 식을 H에 관해 미분하면,

$$\frac{dQ}{dH}=k_1\frac{3}{2}H^{1/2}$$

이다. 이 식을 변형하면,

$$dQ=\frac{3}{2}k_1H^{1/2}dH=\frac{3}{2}\frac{(k_1H^{3/2})}{H}dH,$$

정리하면,

$$dQ=\frac{3}{2}\frac{Q}{H}dH$$

이다.

$$\frac{dQ}{Q}=1.5\frac{dH}{H}$$

이다. 이 식은 수위 측정에서 x%의 오차가 발생하면 유량에 $1.5x$%의 오차가 발생한다는 의미이다. 같은 방법으로, 삼각형 웨어($Q=k_1H^{5/2}$)에서,

$$\frac{dQ}{Q}=2.5\frac{dH}{H}$$

이다. 오리피스($Q=k_1H^{1/2}$)에서

$$\frac{dQ}{Q}=0.5\frac{dH}{H}$$

이다. <u>주목할 점은 수두의 지수만큼 수두의 오차가 유량에 영향을 준다는 점이다.</u>

12 k가 엄격히 말하면 월류수심 h 등에 관한 함수이지만, 근사적으로 상수라 가정할 때에 직사각형 위어(Weir)의 유량 Q와 h의 일반적인 관계로 옳은 것은?

① $Q=k\cdot h^{1/2}$ ② $Q=k\cdot h^{5/2}$ ③ $Q=k\cdot h$ ④ $Q=k\cdot h^{3/2}$

정답 ④

13 오리피스(orifice)에서 유량 Q을 계산할 때 수두H의 측정에 1%의 오차가 있으면 유량 계산의 결과에 얼마의 오차가 생기는가?

① 1% ② 0.5% ③ 1.5% ④ 2%

풀이 $\frac{dQ}{Q}=0.5\frac{dH}{H}=0.5(1\%)=0.5\%$

정답 ②

14 폭 35 cm인 직사각형 위어(weir)의 유량을 측정하였더니 0.03 m^3/s이었다. 월류수심의 측정에 1 mm의 오차가 생겼다면, 유량에 발생하는 오차는? (단, 유량계산은 프란시스(Francies) 공식을 사용하되 월류시 단면수축은 없는 것으로 가정한다.)

① 1.16% ② 1.50% ③ 1.67% ④ 1.84%

풀이 프란시스 공식에서,

$Q=1.84\times0.35\times h^{3/2}=0.03$이다. $h=0.13$ m

수심 오차는 $\frac{1\text{ mm}}{130\text{ mm}}\times100=0.77\%$

유량 오차는 $\frac{dQ}{Q}=1.5\frac{dH}{H}$

$1.5\times0.77=1.16\%$

정답 ①

15 직각 삼각형 웨어에서 월류수심의 측정 오차에 1%의 오차가 있다고 하면 유량에 발생되는 오차는?

① 0.4% ② 0.8% ③ 1.5% ④ 2.5%

풀이 삼각형 웨어에서 $\frac{dQ}{Q}=2.5\frac{dH}{H}$,

$\frac{dQ}{Q}=2.5(1\%)=2.5\%$

정답 ④

16 삼각위어에 있어서 유량계수가 일정하다고 할 때 유량변화율(dQ/Q)이 1% 이하가 되기 위한 월류수심의 변화율(dh/h)은?

① 0.4% 이하　② 0.5% 이하　③ 0.6% 이하　④ 0.7% 이하

풀이 삼각형 웨어에서 $\frac{dQ}{Q}=2.5\frac{dH}{H}$ 이다.

$1=2.5\frac{dH}{H}$, $\frac{dH}{H}=\frac{1}{2.5}=0.4\%$

정답 ①

17 직사각형 위어의 월류수심 25 cm에 대하여 측정오차가 5 mm가 발생하였다. 이 때 유량에 미치는 오차는?

① 4%　② 3%　③ 2%　④ 1%

풀이 $\frac{dQ}{Q}=1.5\frac{5}{250}=0.03=3\%$임.

정답 ②

18 삼각위어에서 수두를 H라 할 때 위어를 통해 흐르는 유량 Q와 비례하는 것은?

① $H^{-1/2}$　② $H^{1/2}$　③ $H^{2/3}$　④ $H^{5/2}$

풀이 삼각형 위어 $Q=k_1H^{5/2}$ 이다.

정답 ④

19 오리피스에서 수축계수의 정의와 그 크기로 옳은 것은?(단, a_0 : 수축단면적, a : 오리피스 단면적, V_0 : 수축단면의 유속, V : 이론유속)

① $C_a=\frac{a_0}{a}$, $1.0\sim1.1$　② $C_a=\frac{V_0}{V}$, $1.0\sim1.1$

③ $C_a=\frac{a_0}{a}$, $0.6\sim0.7$　④ $C_a=\frac{V_0}{V}$, $0.6\sim0.7$

정답 ③

20 원형관의 중앙에 피토관(Pitot tube)을 넣고 관벽의 정수압을 측정하기 위하여 정압관과의 수면차를 측정하였더니 10.7 m이었다. 이 때의 유속은? (단, 피토관 상수 $C=1$이다.)

① 8.4 m/s ② 11.7 m/s ③ 13.1 m/s ④ 14.5 m/s

풀이 $v=\sqrt{2gh}=\sqrt{2\times 9.8\times 10.7}=14.5\,\text{m/s}$

정답 ④

벤츄리미터

벤츄리미터는 관로의 중간에 단면 축소부를 두어 유입부, 수축부, 확대부로 구분되며 축소 전후의 단면사이의 손실수두를 측정하여 유량을 계산한다. 단면 1에서 단면적, 평균유속, 정수압을 각각 A_1, V_1, p_1, 단면 2에서 단면적, 평균유속, 정수압을 각각 A_2, V_2, p_2라 하고 단면 1과 2 사이에 손실수두를 무시하고 단면 1과 2 사이에 베르누이 방정식과 연속방정식을 적용하여 유량 Q에 관해 정리하면,

$$Q=A_2V_2=\frac{A_2}{\sqrt{1-(\frac{A_2}{A_1})^2}}\sqrt{2g\frac{(p_1-p_2)}{\gamma}}$$

$$=\frac{A_2}{\sqrt{1-(\frac{A_2}{A_1})^2}}\sqrt{2g\Delta h(S-1)}$$

실제유량은 이론유량에 유량계수 C를 곱하여 결정된다.

관오리피스

관오리피스를 통해서 흘러가는 흐름을 관찰하면 관오리피스 위치에서 단면이 최소가 되는 것이 아니라 약간 하류부에서 흐름 단면이 최소가 되며 이 단면을 수축단면(vena contracta)이라고 한다. 수축부에서 단면적을 A_2라고 하면 오리피스의 단면적 A와의 관계는 단면수축계수 C_c를 사용하면,

$$A_2=C_cA$$

벤츄리미터에서와 같이 오리피스에서도 단면 1과 2에 베르누이 방정식을 적용하고 단면적 A_2 대신에 $A_2=C_cA$를 적용하여 유량을 결정할 수 있다.

$$Q=\frac{C_vC_cA}{\sqrt{1-C_c^2(\frac{A}{A_1})^2}}\sqrt{2g\Delta h(S-1)}$$

$$=CA\sqrt{2g\Delta h(S-1)}$$

21 지름 200 mm인 관로에 축소부 지름이 120 mm인 벤츄리미터(venturimeter)가 부착되어 있다. 두 단면의 수두차가 1.0 m, $C=0.98$일 때의 유량은?

① 0.00525 m^3/s ② 0.0525 m^3/s ③ 0.525 m^3/s ④ 5.25 m^3/s

풀이 $Q=CA_2V_2=C\dfrac{A_2}{\sqrt{1-(\dfrac{A_2}{A_1})^2}}\sqrt{2gh}$

$A_1=\dfrac{3.14\times0.2^2}{4}=0.0314\ m^2,\ A_2=\dfrac{3.14\times0.12^2}{4}=0.0113\ m^2$ 이다.

$Q=0.98\dfrac{0.0113}{\sqrt{1-(\dfrac{0.0113}{0.0314})^2}}\sqrt{2\times9.8\times1.0}$

$=0.0525\ m^3/s$

정답 ②

22 벤츄리미터(Venturi meter)의 일반적인 용도로 옳은 것은?

① 수심 측정 ② 압력 측정 ③ 유속 측정 ④ 단면 측정

정답 ③

23 수조의 수면에서 2 m 아래 지점에 지름 10 cm의 오리피스를 통하여 유출되는 유량은? (단, 유량계수 $C=0.6$)

① 0.0152 m^3/s ② 0.0068 m^3/s ③ 0.0295 m^3/s ④ 0.00094 m^3/s

풀이 $Q=CAV$

$=0.6\dfrac{3.14\times0.1^2}{4}\sqrt{2\times9.8\times2}=0.0295m^3/s$

정답 ③

24 연직 오리피스에서 일반적인 유량계수 C의 값은?

① 대략 1.00 전후이다. ② 대략 0.80 전후이다.
③ 대략 0.60 전후이다. ④ 대략 0.40 전후이다.

정답 ③

오리피스

큰 저수지 측면에 작은 오리피스가 설치되었다. 점 A에서 자유수면상의 압력 p_A는 대기압이고 수조가 큰 경우에 V_A는 무시할 수 있다. 오리피스 외부인 점 B에서 분사속도 $V_B = V$이고 압력 p_B는 대기압이므로 $p_A = p_B$이다. 오리피스의 중심을 기준으로 A와 B에 베르누이 방정식을 적용하면,

$$z_A + \frac{V_A^2}{2g} + \frac{p_A}{\gamma} = z_B + \frac{V_B^2}{2g} + \frac{p_B}{\gamma}$$

$z_A - z_B = h$, $V_A = 0$, $V_B = V$, $p_A = p_B$라고 놓으면, 분사속도 $V = \sqrt{2gh}$ 이며, 이 식을 토리첼리 공식이라 부른다.

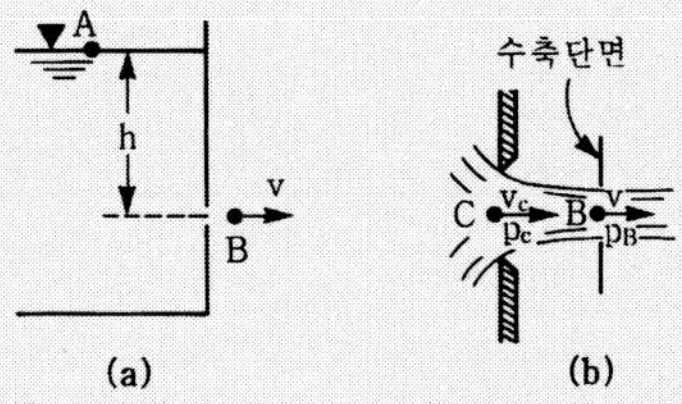

오리피스를 통한 이론 유량=(면적) × (유속)이다. 면적 A를 C에서 분사되는 면적이라면,

$$Q = A\sqrt{2gh}$$

실제적으로 실제유량은 주어진 이론값보다 상당히 적다. 분사속도는 마찰저항 때문에 식에 의해 주어진 것보다 작다. 즉, 실제유속

$$V' = (C_v)(V) = C_v\sqrt{2gh}$$

여기서 C_v는 유속계수이다. 그림(b)에 나타난 바와 같이 액체의 입자 경로는 오리피스의 면적보다 분사되는 면적이 작다. 오리피스를 통해 분사되는 입자는 대기압 보다 큰 C점의 압력을 향한 속도성분을 갖고 있다. 오리피스에서 약간 떨어진 B에서 입자의 경로는 평행하고 단면 B를 수축단면(vena contract)이라고 부른다. 분사되는 실제 단면적

$$A' = C_c A$$

여기서, C_c는 수축계수(표준단관은 수축계수가 1)이다.

$$\text{실제유량 } Q = (\text{실제면적}) \times (\text{실제유속}) = C_c A C_v \sqrt{2gh}$$

여기서, 유량계수 $C = C_c C_v$이다.

$$\text{실제유량 } Q = CA\sqrt{(2gh)}$$

25 오리피스에서 C_C를 수축계수, C_V를 유속계수라 할 때 실제유량과 이론유량과의 비(C)는?

① $C = C_C$　　② $C = C_V$

③ $C = C_C / C_V$　　④ $C = C_C C_V$

정답 ④

26 저수지의 측벽에 20 cm, 높이 5 cm의 직사각형 오리피스를 설치하여 유량 200L/s를 유출시키려고 할 때 수면으로부터의 오리피스 설치 위치는?(단, 유량계수 $C=0.62$)

① 33 m　　② 43 m　　③ 53 m　　④ 63 m

풀이 $Q= CAV$

$Q=200/1000=0.2\ \text{m}^3/\text{s}$

$0.2=0.62(0.2\times0.05)\sqrt{2\times9.8\times h}$

$h=53.0\ \text{m}$

정답 ③

27 오리피스의 표준단관에서 유속계수가 0.78이었다면 유량계수는?

① 0.66　　② 0.70　　③ 0.74　　④ 0.78

풀이 표준단관은 수축계수가 1이다. 그러므로,

$C = C_C C_V = 1 \times C_v = 0.78$

정답 ④

28 오리피스(Orifice)의 압력수두가 2 m이고 단면적이 4 cm^2, 접근유속은 1 m/s일 때 유출량은? (단, 유량계수 $C=0.63$이다.)

① 1558 cm^3/s　　② 1578 cm^3/s　　③ 1598 cm^3/s　　④ 1618 cm^3/s

풀이 $Q= CAV= CA\sqrt{2gh}$ 에서,

$h=2+\dfrac{1^2}{2\times9.8}=2.05\ \text{m}$

$V=\sqrt{2\times980\times205}=633.88\ \text{cm/s}$

$Q=0.63\times4\times633.88=1597.38\ \text{cm}^3/\text{s}$

정답 ③

29 사각 위어에서 유량산출에 쓰이는 Francis 공식에 대하여 양단 수축이 있는 경우에 유량으로 옳은 것은? (단, B : 위어 폭, h : 월류수심)

① $Q=1.84(B-0.4h)h^{\frac{3}{2}}$
② $Q=1.84(B-0.3h)h^{\frac{3}{2}}$
③ $Q=1.84(B-0.2h)h^{\frac{3}{2}}$
④ $Q=1.84(B-0.1h)h^{\frac{3}{2}}$

정답 ③

웨어

- 직사각형 웨어

유량계수 C를 고려하여 실제 웨어의 유량은,

$$Q=\frac{2}{3}Cb\sqrt{2g}\left[\left(H+\frac{V_A^2}{2g}\right)^{3/2}-\left(\frac{V_A^2}{2g}\right)^{3/2}\right]$$

이 식은 수로와 웨어의 폭이 같은 경우이지만 수로의 양쪽에 단수축(端收縮)에 따라서 다음과 같이 나타낼 수 있다.

$$Q=\frac{2}{3}C\left(b-\frac{n}{10}H\right)\sqrt{2g}$$
$$\left[\left(H+\frac{V_A^2}{2g}\right)^{3/2}-\left(\frac{V_A^2}{2g}\right)^{3/2}\right]$$

웨어가 높음으로써 접근유속이 작은 경우에 접근유속을 무시할 수 있는 경우에 이 식은 다음과 같이 간단하게 나타낼 수 있다.

$$Q=\frac{2}{3}C\left(b-\frac{n}{10}H\right)\sqrt{2g}\,H^{3/2}$$

유량계수 C는 웨어 판의 두께, 웨어의 높이 등에 따라 다르다. 실험을 통해서 발표된 프란시스(Francis) 공식은,

$$Q=1.84\left(b-\frac{n}{10}H\right)\left[(H+H_A)^{3/2}-H_A^{3/2}\right]$$
$$Q=1.84\left(b-\frac{n}{10}H\right)H^{3/2}\ \ (m^3/\mathrm{sec})$$

여기서 $H_A=\dfrac{V_A^2}{2g}$이며 접근유속수두라고 한다. 만일 접근유속이 작을 경우에 H_A를 무시할 수 있다.

- 삼각형 웨어

$$Q=\frac{8}{15}C\tan(\theta/2)\sqrt{2g}\,H^{5/2}$$

• 사다리꼴 웨어

사다리꼴 웨어는 저변의 폭이 b인 직사각형 웨어와 수면폭이$(W-b)$인 삼각형 웨어의 유량을 합한 것과 같다. 즉, 사다리꼴 웨어를 통해서 흐르는 유량은,

$$Q = C_1 \frac{2}{3} b\sqrt{2g}\, H^{3/2} + C_2 \frac{8}{15} \tan\frac{\theta}{2} \sqrt{2g}\, H^{5/2}$$

예연웨어에 의한 양단수축이 발생하고 $\tan(\theta/2) = 1/4$인 사다리꼴 웨어의 유량은 유효폭이 b인 직사각형 웨어의 유량과 같다. 이와 같은 웨어를 치폴리티(Cipolletti) 웨어라고 하며 다음과 같이 간단하게 나타낼 수 있다.

$$Q = CbH^{3/2}$$

여기서 유량계수 C는 예연직사각형 웨어의 계수값이 사용된다.

30 폭 2.5 m, 월류수심 0.4 m인 사각형 위어(Weir)의 유량은? (단, Francies 공식 : $Q = 1.84B_0h^{3/2}$에 의하며, B_0 : 유효폭, h : 월류수심, 접근유속은 무시하며 양단수축이다.)

① 1.117 m^3/sec ② 1.126 m^3/sec ③ 1.536 m^3/sec ④ 1.557 m^3/sec

풀이 $Q = 1.84B_0h^{3/2}$에서 B_0 대신 양단수축이므로 $(B_0 - 0.1\times2\times0.4)$대입한다. 즉,

$$Q = 1.84(2.5 - 0.1\times2\times0.4)(0.4^{3/2})$$
$$= 1.126\ m^3/s$$

정답 ②

31 직각삼각형 위어에서 월류수심이 0.25 m일 때 일반식에 의한 유량은? (단, 유량계수(C)는 0.60이고, 접근속도는 무시한다.)

① 0.0143 m^3/sec ② 0.0243 m^3/sec ③ 0.0343 m^3/sec ④ 0.0443 m^3/sec

풀이 $Q = \frac{8}{15} C\tan(\frac{\theta}{2})\sqrt{2g}\, H^{5/2}$

$$= \frac{8}{15} 0.6\tan(\frac{90}{2})\sqrt{2\times9.8}\times0.25^{5/2}$$
$$= 0.0443\ m^3/s$$

정답 ④

32 그림과 같은 직사각형 위어(weir)에서 유량계수를 고려하지 않을 경우 유량은? (단, g는 중력가속도)

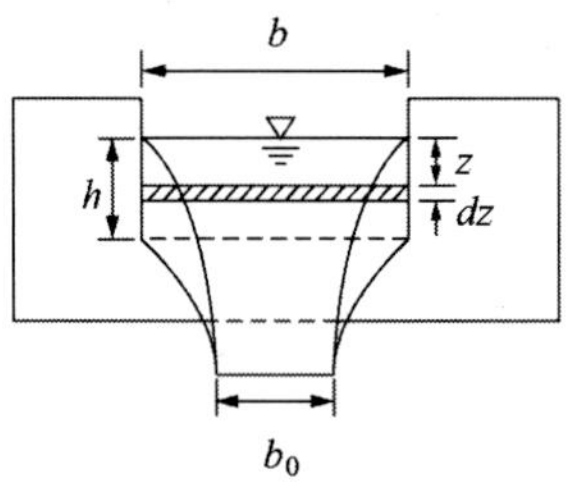

① $\frac{2}{5}b\sqrt{2g}\,h^{\frac{5}{2}}$ ② $\frac{2}{3}b\sqrt{2g}\,h^{\frac{3}{2}}$ ③ $\frac{2}{5}b_0\sqrt{2g}\,h^{\frac{5}{2}}$ ④ $\frac{2}{3}b_0\sqrt{2g}\,h^{\frac{3}{2}}$

정답 ④

33 그림과 같이 일정한 수위가 유지되는 충분히 넓은 두 수조의 수중 오리피스에서 오리피스의 직경 $d=20$ cm일 때, 유출량 Q는? (단, 유량계수 $C=1$이다.)

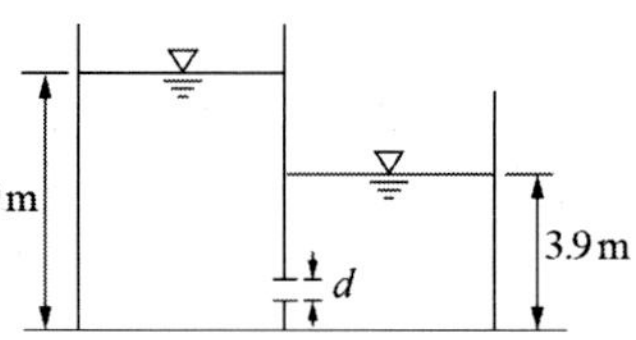

① 0.314 m³/s ② 0.628 m³/s ③ 3.14 m³/s ④ 6.28 m³/s

풀이 $Q=CAV=CA\sqrt{2gh}$

여기서 $h=9-3.9=5.1$ m

$$=1.0\frac{3.14\times0.2^2}{4}\sqrt{2\times9.8\times5.1}=0.314\text{ m}^3/\text{s}$$

정답 ①

34 개수로에서 유량을 측정할 수 있는 장치가 아닌 것은?

① 위어 ② 벤츄리미터 ③ 파샬플륨 ④ 수문

정답 ②

35 수중 오리피스(orifice)의 유속에 관한 설명으로 옳은 것은?

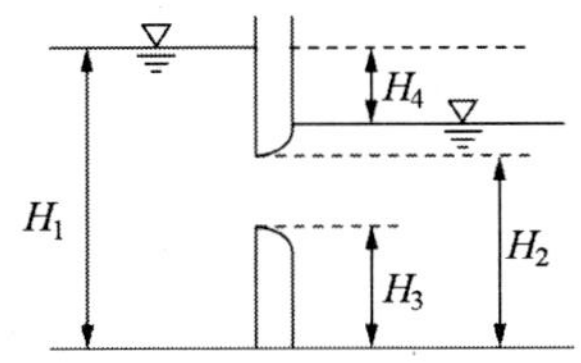

① H_1이 클수록 유속이 빠르다.　　② H_2가 클수록 유속이 빠르다.

③ H_3이 클수록 유속이 빠르다.　　④ H_4가 클수록 유속이 빠르다.

풀이 유속(유량)은 수문의 상하류의 수심차에 비례한다.

정답 ④

36 광정위어(wier)의 유량공식 $Q = 1.704CbH^{\frac{3}{2}}$에 사용되는 수두($H$)는?

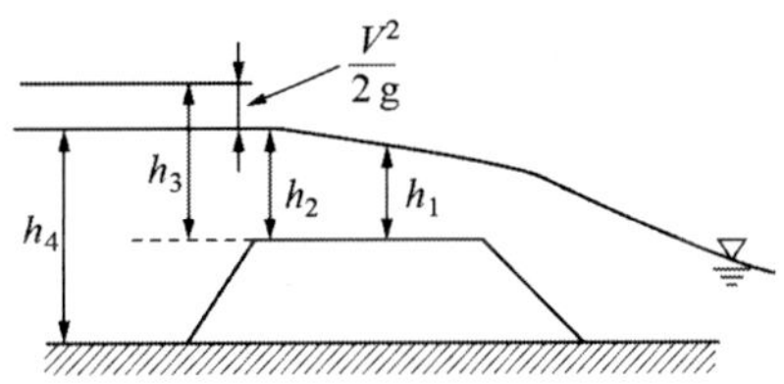

① h_1　　② h_2　　③ h_3　　④ h_4

풀이 수두 H는 수심과 속도수두의 합으로 h_3이다.

정답 ③

37 사각형 광정위어에서 월류수심 $h = 1$ m, 수로 폭 $b = 2$ m, 접근유속 $V_a = 2$ m/s일 때 위어의 월류량은?(단, 유량계수 $C = 0.65$이고 에너지 보정계수 = 1.0이다)

① 1.76 m^3/s　　② 2.21 m^3/s　　③ 2.66 m^3/s　　④ 2.92 m^3/s

풀이 $Q = 1.7CbH^{3/2}$

$$= 1.7 \times 0.65 \times 2 \times (1 + \frac{2^2}{2 \times 9.8})^{3/2}$$

$$= 2.92 m^3/s$$

정답 ④

광정웨어

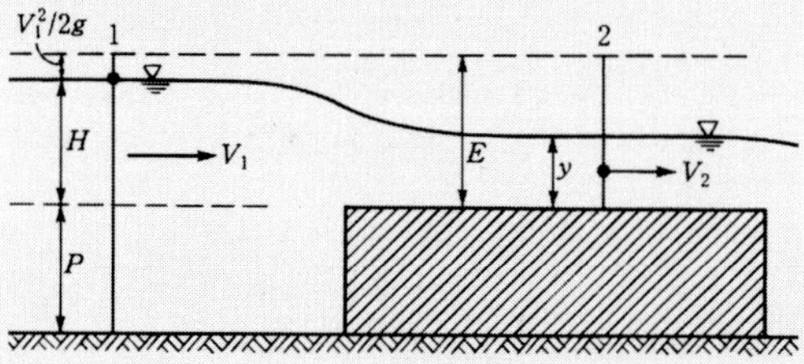

광정웨어의 폭이 b라고 할 때 웨어 위를 통해 흐르는 유량은, $Q = V_2 by = by\sqrt{2g(E-y)}$
이 식에서 유량은 웨어 위의 수심 y의 함수이며 $y=0$와 $y=E$일 때 $Q=0$이므로 최대 유량은 $0<y<E$에서 발생된다. 즉, $dQ/dy=0$일 때 유량이 최대이며 이때 수심이 한계수심으로서 개수로 흐름에서 공부한 바와 같이 $y=\frac{2}{3}E$일 때이다. 이 관계를 위 식에 대입하면,

$$Q = \frac{2}{3}Eb\sqrt{2g(\frac{1}{3}E)}$$
$$= (\frac{2}{3})^{3/2}\sqrt{g}\,bE^{3/2} = 1.704bE^{3/2}$$

이다. 여기서 E는 웨어 위의 수심 y와 속도수두 $\frac{V_2^2}{2g}$의 합과 같다.

38 폭이 5 m인 수문을 높이 d만큼 열었을 때 유량이 18 m^3/s가 흘렀다. 이 때 수문 상하류의 수심이 각각 6 m, 2 m였다면 유량계수 $C=0.6$이라 할 때 수문 개방도(開放度)는?

① 0.35 m　② 0.43 m　③ 0.58 m　④ 0.68 m

풀이 $Q = CAV = CA\sqrt{2gH}$,
$18 = 0.6\times(5\times d)\sqrt{2\times9.8\times(6-2)}$
$d = 0.68$ m

정답 ④

39 위어(weir)에 물이 월류할 경우에 위어 정상을 기준으로 상류측 전수두를 H라 하고, 하류 수위를 h라 할 때, 수중위어(submerged weir)로 해석될 수 있는 조건은?

① $h<\frac{2}{3}H$　② $h<\frac{1}{2}H$　③ $h>\frac{2}{3}H$　④ $h>\frac{1}{3}H$

풀이 수중위어가 되기 위해서는 위어 정상에서 흐름이 상류(常流)가 되어야 한다. 상류(常流)가 되기 위해 $h>\frac{2}{3}H$ 되어야 한다. 이 때 상류(上流)는 하류(下流)의 영향을 받는다.

정답 ③

40 3 m 폭을 가진 직사각형 수로에 사각형인 광정(廣頂) 위어를 설치하려 한다. 위어 설치 전의 평균 유속은 1.5 m/s, 수심이 0.3 m이고, 위어 설치 후의 평균 유속이 0.3 m/s, 위어 상류 수심이 1.5 m가 되었다면 위어의 높이 h는?(단, 에너지 보정계수 $\alpha = 1.0$)

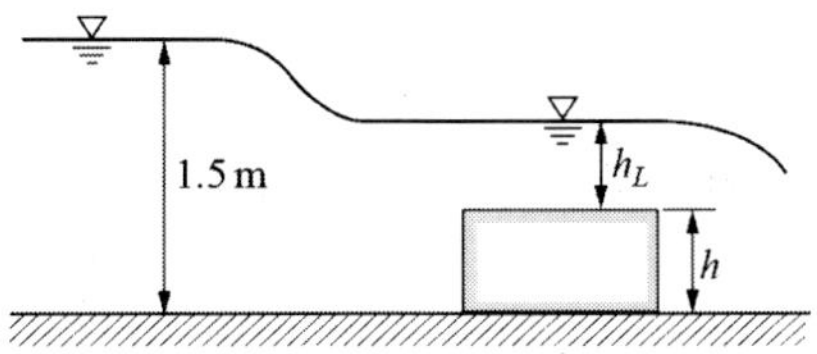

① 0.7 m ② 0.9 m ③ 1.1 m ④ 1.3m

풀이 위어 설치 전의 자료를 이용하여 유량을 구한다.

$Q = AV = (3 \times 0.3)(1.5) = 1.35\ \mathrm{m^3/s}$이다.

단위폭당 유량 $q = 1.34/3\ = 0.45 m^3/s/m$

위어 설치 후, 광정위어 위에서 흐름은 한계류이므로 한계수심은,

$h_c = (\frac{q^2}{g})^{1/3} = (\frac{0.45^2}{9.8})^{1/3} = 0.27\ \mathrm{m}$

이때 유속은, $V_c = \sqrt{gh_c} = \sqrt{(9.8)(0.27)} = 1.63\ \mathrm{m/s}$

위어 상류와 정부에 베르누이방정식을 적용한다.

$1.5 + \frac{0.3^2}{2 \times 9.8} = h + 0.27 + \frac{1.63^2}{2 \times 9.8}$ 에서,

$h = 1.1\ \mathrm{m}$

정답 ③

41 위어(weir)의 관한 설명으로 옳지 않은 것은?

① 위어를 월류하는 흐름은 일반적으로 상류에서 사류로 변한다.
② 위어를 월류하는 흐름이 사류일 경우(완전월류) 유량은 하류의 영향을 받는다.
③ 위어는 개수로 유량 측정, 취수를 위한 수위 증가 등의 목적으로 설치된다.
④ 작은 유량을 측정할 경우 삼각위어가 효과적이다.

풀이 흐름이 사류인 경우, 상류(上流)는 하류(下流)의 영향을 받지 않는다.

정답 ②

42 댐 여수로 설계시 중요한 사항으로 국부적인 저압부가 발생하여 여수로 표면에 심각한 손상을 발생시키는 현상을 무엇이라 하는가?

① 수격작용 ② 공동현상 ③ 서어징(surging) ④ 도수현상

정답 ②

수중웨어

웨어의 하류 수면이 웨어의 마루부보다 높은 경우를 **수중웨어**라고 한다. 그림에서 하류 수심 h_2가 웨어 상류(上流)의 비에너지 E와의 관계가 $h_2 < \frac{2}{3}E$이면 웨어의 마루에서 흐름은 사류가 되어 월류량은 하류 수심의 영향을 받지 않고 h_1에 의해 결정되기 때문에 이와 같은 경우를 **완전월류**라고 한다. 반대로 h_2가 크게 되어 $h_2 > \frac{2}{3}E$의 관계가 있으면 웨어 마루의 흐름은 상류(常流)가 되므로 월류량은 하류의 영향을 받게 되는데, 이와 같은 웨어를 **수중웨어**(submerged weir) 또는 **잠수웨어**라고 한다. 그리고 완전월류와 잠수웨어 사이에 과도상태(過渡狀態)가 발생하는데, 이와 같은 경우를 **불완전월류**라고 한다.

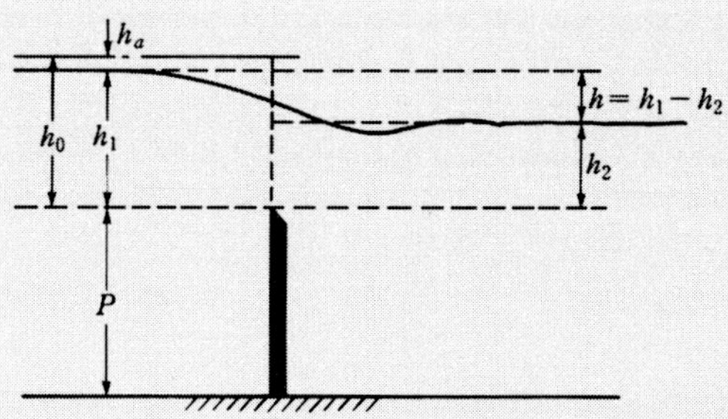

CHAPTER 07

차원해석과 수리모형

01 수리학적 완전상사를 이루기 위한 조건이 아닌 것은?

① 기하학적 상사(geometric similarity) ② 운동학적 상사(kinematic similarity)
③ 동력학적 상사(dynamic similarity) ④ 대수학적 상사(algebraic similarity)

정답 ④

02 개수로 내의 흐름에서 가장 많이 적용되는 수류 상사법칙은?

① Reynolds의 상사법칙 ② Froude의 상사법칙
③ Mach의 상사법칙 ④ Weber의 상사법칙

정답 ②

03 하천의 모형실험에 주로 사용되는 상사법칙은?

① Reynolds의 상사법칙 ② Weber의 상사법칙
③ Cauchy의 상사법칙 ④ Froude의 상사법칙

정답 ④

04 흐름을 지배하는 가장 큰 요인이 점성일 때 흐름의 상태를 구분하는 방법으로 쓰이는 무차원수는?

① Froude 수 ② Reynolds 수
③ Weber 수 ④ Cauchy 수

정답 ②

상사법칙

일반적으로 수리모형은 실제모형이나 왜곡모형이 될 수 있다. 원형의 모든 중요한 특성이 기하학적으로 유사하고 운동학적 상사성과 동력학적 상사성이 만족되도록 실제모형이 설계되어야 한다. 이와 같이 수리학적으로 상사가 되기 위해서는 기하학적 상사, 운동학적 상사, 동력학적 상사가 이루어져야 한다.

- 기하학적 상사 : 모형과 원형의 형상이 유사해야 한다. 즉, 대응하는 크기의 비가 같다.
- 운동학적 상사 : 모형과 원형 사이에, (1) 운동하고 있는 대응입자가 기학적으로 상사이고, (2) 대응하고 있는 입자의 속도비가 동일하다.
- 동력학적 상사성 : 기하학적으로 상사이고 운동학적으로 상사인 시스템에서 모형과 원형사이에 대응하는 힘의 비가 동일한 경우를 의미한다.

특별상사법칙

모형과 원형 사이에 동역학적 상사성이 완전하게 만족되기 위해서 작용하는 여러 가지 힘을 고려해야 한다. 그러나 특별한 경우에는 주로 지배하는 힘을 고려하여 지배력과 관성력의 비가 일정하다는 조건하에서 특별상사법칙을 적용하여 해결한다.

- 레이놀즈 상사법칙 : 흐름 현상을 주로 지배히는 힘이 점성력일 경우에 적용시긴다. 원형과 모형에서 레이놀즈 수가 같아야 한다.
- 프루드 상사법칙 : 모형과 원형에서 흐름을 지배하는 힘이 주로 중력인 경우에 적용시킨다. 원형과 모형에서 프루드 수가 같아야 한다.
- Cauchy 상사법칙 : 유체의 탄성력이 흐름을 지배하는 경우에 적용시킨다.
- Weber 상사법칙 : 흐름을 지배하는 힘이 주로 표면장력일 때 적용시킨다.
- Euler 상사법칙 : 흐름 현상에서 주로 압력이 지배적일 경우에 적용시킨다.

05 원형 댐의 월류량이 400m^3/s이고, 수문을 개방하는데 필요한 시간이 40초라 할 때 1/50 모형에서의 유량과 개방시간은? (단, gr은 1로 가정한다.)

① Q m = 0.0226 m^3/s, Tm = 5.657 sec

② Q m = 1.6232 m^3/s, Tm = 0.825 sec

③ Q m = 56.560 m^3/s, Tm = 0.825 sec

④ Q m = 115.00 m^3/s, Tm = 5.657 sec

풀이 댐의 월류량을 지배하는 힘은 중력이므로 프루드수 상사법칙을 적용한다. 즉,

$$g_r = \frac{g_m}{g_p} = 1,\ \ \frac{L_m}{L_p} = \frac{1}{50}$$

$$\frac{V_m}{\sqrt{g_m D_m}} = \frac{V_p}{\sqrt{g_p D_p}} \text{ 이며 } \frac{V_m}{V_p} = \sqrt{\frac{L_m}{L_p}},$$

$$V = \frac{L}{T}$$

이므로,

$$\frac{L_m}{T_m \sqrt{L_m}} = \frac{L_p}{T_p \sqrt{L_p}}$$

로 나타낼 수 있다. 이는,

$$\frac{T_m}{T_p} = \frac{\sqrt{L_m}}{\sqrt{L_p}} = \sqrt{\frac{1}{50}},\ T_m = T_p\sqrt{\frac{1}{50}} = 40\sqrt{\frac{1}{50}} = 5.657s$$

$$Q_m = Q_p\left(\frac{V_m}{V_p}\right)\left(\frac{L_m}{L_p}\right)^2 = Q_p\left(\sqrt{\frac{L_m}{L_p}}\right)\left(\frac{L_m}{L_p}\right)^2$$

$$= 400\left(\frac{1}{50}\right)^{5/2} = 0.0226\ \text{m}^3/\text{s}$$

정답 ①

06 왜곡모형에서 Froude 상사법칙을 이용하여 물리량을 표시한 것으로 틀린 것은?(단, X_r은 수평축척비, Y_r은 연직축척비이다.)

① 시간비 : $T_r = \dfrac{X_r}{Y_r^{1/2}}$

② 경사비 : $S_r = \dfrac{Y_r}{X_r}$

③ 유속비 : $V_r = \sqrt{Y_r}$

④ 유량비 : $Q_r = X_r Y_r^{5/2}$

풀이 Froude 상사법칙을 나타내면,

$$\frac{V_p}{\sqrt{g_p L_p}} = \frac{V_m}{\sqrt{g_m L_m}} \text{ 혹은, } \frac{V_r}{\sqrt{g_r L_r}} = 1$$

여기서 g는 중력가속도이며 g_r은 1로 간주할 수 있다.

① 시간비는, $\dfrac{V_r}{\sqrt{g_r L_r}} = \dfrac{X_r}{T_r}\dfrac{1}{\sqrt{Y_r}} = 1$에서 $T_r = \dfrac{X_r}{Y_r^{1/2}}$

② 경사비는, $S_r = \dfrac{Y_r}{X_r}$

③ 유속비는, $\dfrac{V_r}{\sqrt{g_r L_r}} = 1$에서 $V_r = \sqrt{Y_r}$

④ 유량비는, $Q_r = A_r V_r = (X_r Y_r) Y_r^{1/2} = X_r Y_r^{3/2}$

정답 ④

07 저수지 물을 방류하는데 1 : 225로 축소된 모형에서 4분이 소요되었다면, 원형에서 소요시간은?

① 60분 ② 120분 ③ 900분 ④ 3375분

풀이 저수지에서 방류되므로 중력이 지배적인 힘이다. 프루드수 상사법칙을 적용하면 된다. 즉, 원형과 모형에서 프루드수가 같으면 된다. $Fr = \dfrac{V}{\sqrt{gy}}$ 에서 중력가속도는 원형과 모형에서 동일하다. 그러므로 $\dfrac{V_r}{\sqrt{L_r}} = 1$이다.

$$\frac{V_r}{\sqrt{L_r}} = \frac{L_r}{T_r\sqrt{L_r}} = \frac{L_r^{1/2}}{T_r} = 1,\ (\because V_r = \frac{L_r}{T_r})$$

$$L_r^{1/2} = T_r,\ (\frac{1}{225})^{1/2} = \frac{4}{T_p},$$

$$T_p = 60\text{분}$$

* 참고 : 저수지에서 수문, 또는 여수로를 통해서 방류된다고 명확하게 표현할 필요가 있다. 만일 관수로 형태로 방류하는 경우에는 다르다.

08 축척이 1 : 50인 하천 수리모형에서 원형 유량 10000 m³/sec에 대한 모형 유량은?

① 0.401 m^3/sec ② 0.566 m^3/sec

③ 14.412 m^3/sec ④ 28.28 4m^3/sec

풀이 중력이 지배적인 흐름이므로 프루드수 상사법칙을 적용한다. 즉,

$$g_r = \frac{g_m}{g_p} = 1,\ \frac{L_m}{L_p} = \frac{1}{50}$$

$$\frac{V_m}{\sqrt{g_m D_m}} = \frac{V_p}{\sqrt{g_p D_p}}\ \text{이므로}$$

$$\frac{V_m}{V_p} = \sqrt{\frac{L_m}{L_p}} = L_r^{1/2}\ \text{이다.}$$

$$Q_r = A_r V_r,\ \frac{Q_m}{Q_p} = \frac{L_m^2\, V_m}{L_p^2\, V_p}$$

$$Q_m = Q_p(\frac{V_m}{V_p})(\frac{L_m}{L_p})^2 = Q_p(\sqrt{\frac{L_m}{L_p}})(\frac{L_m}{L_p})^2$$

$$= 10000\left(\frac{1}{50}\right)^{5/2} = 0.566\ m^3/s$$

정답 ②

CHAPTER 08

지하수 흐름

01 지하수 흐름에 대한 Darcy 법칙은?(단, V : 유속, Δh : 길이 ΔL에 대한 손실수두, k는 투수계수)

① $V = k(\dfrac{\Delta h}{\Delta L})^2$　　② $V = k(\dfrac{\Delta h}{\Delta L})$

③ $V = k(\dfrac{\Delta h}{\Delta L})^{-1}$　　④ $V = k(\dfrac{\Delta h}{\Delta L})^{-2}$

정답 ②

02 Darcy의 법칙(V = KI)에 대한 설명으로 옳은 것은?

① 정상류 흐름에서는 층류와 난류에 상관없이 식을 적용할 수 있다.
② V는 동수경사와는 관계없이 흙의 특성에 좌우된다.
③ K의 차원은 [LT]이며 단위는 [darcy]로도 표시한다.
④ K는 투수계수이며 흙입자의 모양 및 크기, 유체의 점성 등에 의해 변화한다.

정답 ④

03 Darcy의 법칙에 대한 설명으로 옳은 것은?

① 점성계수를 구하는 법칙이다.
② 지하수 유속은 동수경사에 비례한다.
③ 관수로 수리모형 실험법칙이다.
④ 개수로 수리모형 실험법칙이다.

정답 ②

04 지하수 흐름에서 Darcy 법칙에 관한 설명으로 옳은 것은?

① 정상상태이면 난류영역에서도 적용된다.
② 투수계수(수리전도계수)는 지하수 특성과 관계가 있다.
③ 대수층의 모세관 작용은 이 공식에 간접적으로 반영되었다.
④ Darcy 공식에 의한 유속은 공극 내 실제유속이 평균치를 나타낸다.

풀이 Darcy 법칙은 $V=ki=k\dfrac{dh}{dx}$ 이다. 여기서 V는 Darcy 유속이다. 그리고 $i=\dfrac{dh}{dx}$ 는 동수경사이다.

정답 ②

05 지하수 흐름에서 Darcy 법칙을 적용하는 레이놀즈 수(Re)의 일반적인 범위는?

① Re < 0.1 ② Re < 1~10 ③ Re < 500 ④ Re < 2000

정답 ②

06 지하수에서 Darcy의 법칙의 유속에 대한 설명으로 옳은 것은?

① 영향권의 반지름에 비례한다.
② 동수경사에 비례한다.
③ 동수반지름(hydraulic radius)에 비례한다.
④ 수심에 비례한다.

정답 ②

다시(Darcy) 법칙

$$v=Ki=K\frac{dh}{dx}$$

여기서 K는 투수계수, i는 수리경사, dh는 dx만큼 떨어진 거리의 수두차이다. Darcy 법칙은 층류에만 적용된다. 이 기준은 레이놀즈 수를 이용하여 판별한다.

$$Re=\frac{\rho vD}{\mu}$$

v는 유속, D는 토양 입자의 평균 입경, ρ는 유체의 밀도, μ는 점성계수이다. Darcy 공식이 적용되려면 $Re<10$이어야 하며 층류 흐름이 유지된다.

07 Darcy 법칙에 대한 설명으로 옳지 않은 것은?

① Darcy의 법칙은 지하수 흐름에 대한 공식이다.

② 투수계수는 물의 점성계수에 따라서도 변화한다.

③ Reynolds

수가 클수록 안심하고 적용할 수 있다.

④ 평균유속이 동수경사와 비례관계를 가지고 흐름에 적용될 수 있다.

정답 ③

08 Darcy의 법칙에 대한 설명으로 옳은 것은?

① 지하수 흐름이 층류일 경우 적용된다.

② 투수계수는 무차원의 계수이다.

③ 유속이 클 때에만 적용된다.

④ 유속이 동수경사에 반비례하는 경우에만 적용된다.

정답 ①

09 지하수의 투수계수와 관계가 없는 것은?

① 토사의 형상 ② 토사의 입도 ③ 물의 단위중량 ④ 토사의 단위중량

정답 ④

투수계수

지하수는 공극을 통해 흐르며 그 양은 공극의 크기에 따라서 결정된다. 토양의 공극을 통해 물이 이동하는 율을 투수계수(hydraulic conductivity, permeability, 혹은 투수능)라고 하며 자갈이나 모래로 이루어진 대수층에서 투수계수는 크고 점토와 같은 매우 작은 공극을 갖는 대수층의 투수계수는 매우 작다. 토양의 투수계수를 결정하는 요인은 공극 속을 흐르는 유체와 매개물질의 성질에 영향을 받는 것으로 알려져 있으며 투수계수의 차원은 유속과 같다. 투수계수는,

$$K = CD^2 \frac{\gamma}{\mu} = k\frac{\gamma}{\mu} = k\frac{\rho g}{\mu}$$

이다. 여기서 k는 고유투수계수(intrinsic permeability, $[L^2]$)이고 매개물질의 특성에 의존한다. 공극 속의 실제유속(침윤속도) v_v는

$$v_v = \frac{v}{n}$$

이고, 여기서 v는 Darcy 유속이고, n은 공극률(porosity)이다.

10 지하수의 투수계수에 관한 설명으로 틀린 것은?

① 같은 종류의 토사라 할지라도 그 간극률에 따라 변한다.
② 흙입자의 구성, 지하수의 점성계수에 따라 변한다.
③ 지하수 유량을 결정하는 데 사용된다.
④ 지역 특성에 따른 무차원 상수이다.

정답 ④

11 그림은 정수위투수계에 의한 투수계수 측정 모습이다. $h=100$ cm, $L=20$ cm, $Q=45\ \text{cm}^3/\text{s}$이고 시료의 단면적 $A=300\ \text{cm}^2$일 때 투수계수는?

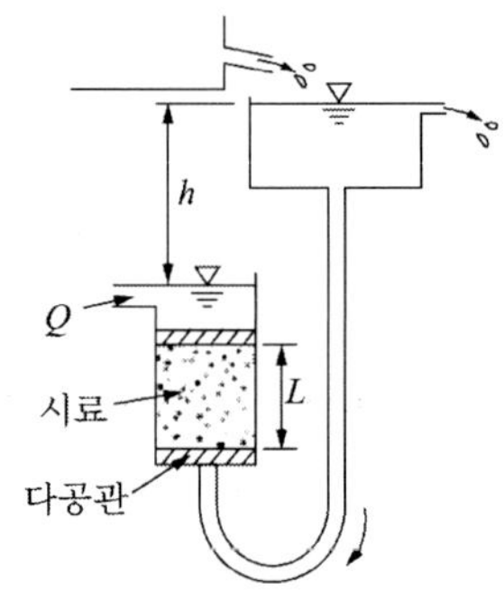

① 0.004 cm/s ② 0.03 cm/s
③ 0.2 cm/s ④ 1.0 cm/s

풀이 $Q=AV=AKi$

$$K=\frac{Q}{Ai}=\frac{45}{300\times(20/100)}=0.03\ \text{cm/s}$$

정답 ②

12 지하의 사질 여과층에서 수두차가 0.5 m이며 투과거리가 250 cm일 때 이곳을 통과하는 지하수의 유속은? (단, 투수계수는 0.3 cm/s이다.)

① 0.03 cm/s ② 0.04 cm/s ③ 0.05 cm/s ④ 0.06 cm/s

풀이 $v=K\frac{dh}{dx}=0.3\ \text{cm/s}\frac{50\ \text{cm}}{250\ \text{cm}}=0.06\ \text{cm/s}$

정답 ④

13 여과량이 $2\ \text{m}^3/\text{s}$, 동수경사가 0.2, 투수계수가 1 cm/s일 때 필요한 여과지 면적은?

① $1000\ \text{m}^2$ ② $1500\ \text{m}^2$ ③ $2000\ \text{m}^2$ ④ $2500\ \text{m}^2$

풀이 $Q=AV=AKi$

$$A=\frac{Q}{Ki}=\frac{2}{0.01\times0.2}=1000\ \text{m}^2$$

정답 ①

14 모래 여과지에서 사층 두께 2.4 m, 투수계수를 0.04 cm/sec로 하고 여과수두를 50 cm로 할 때 10,000 m^3/day의 물을 여과시키는 경우, 여과지 면적은?

① 1,289 m^2　② 1,389 m^2　③ 1,489 m^2　④ 1,589 m^2

풀이 $Q = AV = AK\frac{dh}{dx}$,

$$\frac{10000}{24\times60\times60}\ m^3/s = A(0.0004\ m/s)\left(\frac{0.5}{2.4}\right)$$

$A = 1389\ m^2$

정답 ②

15 대수층에서 지하수가 2.4 m의 투과거리를 통과하면서 0.4 m의 수두손실이 발생할 때 지하수의 유속은? (단, 투수계수 = 0.3 m/s)

① 0.01 m/s　② 0.05 m/s　③ 0.1 m/s　④ 0.5 m/s

풀이 $V = K\frac{dh}{dx}$, $V = 0.3\frac{0.4}{2.4} = 0.05\ m/s$

정답 ②

16 직경 10 cm인 연직관 속에 높이 1 m 만큼 모래가 들어있다. 모래면 위의 수위를 10 cm로 일정하게 유지시켰더니 투수량 $Q = 4$ L/hr이었다. 이 때 모래의 투수계수 k는?

① 0.4 m/hr　② 0.5 m/hr　③ 3.8 m/hr　④ 5.1 m/hr

풀이 $Q = AV = AK\frac{dh}{dx}$,

$Q = 4\ L/hr = 0.004\ m^3/hr$

$$0.004\ m^3/hr = \frac{3.14\times0.1^2}{4}k\left(\frac{0.1}{1}\right)$$

$k = 5.1\ m/hr$

정답 ④

17 우물에서 장기간 양수를 한 후에도 수면강하가 일어나지 않는 지점까지의 우물로부터 거리(범위)를 무엇이라 하는가?

① 용수효율권　② 대수층권　③ 수류영역권　④ 영향권

정답 ④

18 지하수 흐름에서 상·하류 두 지점의 수두차가 1.6 m이고 두 지점의 수평거리가 480 m인 경우, 대수층의 두께 3.5 m, 폭 1.2 m일 때의 지하수 유량은 (단, 투수계수 k = 208 m/day이다.)

① 3.82 m^3/day　② 2.91 m^3/day　③ 2.12 m^3/day　④ 2.08 m^3/day

풀이 $Q = AV = AK\frac{dh}{dx}$

$= (3.5\text{ m} \times 1.2\text{ m})(208\text{ m/day}\frac{1.6\text{ m}}{480\text{ m}})$

$= 2.91\text{ m}^3/\text{day}$

정답 ②

19 2개의 불투수층 사이에 있는 대수층의 두께 a, 투수계수 k인 곳에 반지름 r_0인 굴착정(artesian well)을 설치하고 일정 양수량 Q를 양수하였더니, 양수 전 굴착정 내의 수위 H가 h_0로 하강하여 정상흐름이 되었다. 굴착정의 영향원 반지름을 R이라 할 때 $(H - h_0)$의 값은?

① $\frac{2Q}{\pi ak}\ln\left(\frac{R}{r_0}\right)$　② $\frac{Q}{2\pi ak}\ln\left(\frac{R}{r_0}\right)$

③ $\frac{2Q}{\pi ak}\ln\left(\frac{r_0}{R}\right)$　④ $\frac{Q}{2\pi ak}\ln\left(\frac{r_0}{R}\right)$

풀이 해설참조

정답 ②

20 지름 0.3 m, 수심 6 m인 굴착정이 있다. 피압대수층의 두께가 3.0 m라 할 때 5 L/s의 물을 양수하면 우물의 수위는? (단, 영향원의 반지름은 500 m, 투수계수는 4 m/h이다.)

① 3.848 m　② 4.063 m　③ 5.920 m　④ 5.999 m

풀이 $Q = \frac{2\pi mK(H - h_o)}{\ln(R/r_o)}$

$(5/1000)\text{ m}^3/\text{s} = \frac{2 \times 3.14 \times 3.0[4/(60 \times 60)](6 - h)}{\ln(500/0.15)}$

$h = 4.062\text{ m}$

정답 ②

21 두께 20.0 m의 피압대수층에서 0.1 m^3/s로 양수했을 때 평형상태에 도달하였다. 이 양수정에서 각각 50.0 m, 200.0 m 떨어진 관측점에서 수위가 39.20 m, 40.66 m이었다면 이 대수층이 투수계수(k)는?

① 0.2 m/day ② 6.5 m/day ③ 20.7 m/day ④ 65.3 m/day

풀이 $H-h_0=\frac{Q}{2\pi ak}\ln\frac{R}{r_o}$ 에서,

$$k=\frac{Q}{2\pi a(H-h_0)}\ln\frac{R}{r_o}$$

$$=\frac{0.1}{2\times3.14\times20\times(40.66-39.2)}\ln(\frac{200}{50})$$

$$=0.755\times10^3\ \mathrm{m/s}=65.3\ \mathrm{m/day}$$

정답 ④

영향원/수면강하곡선/(부)정류상태

대수층에 우물을 굴착하여 양수하는 경우에 정수압 차이에 의해 우물 주변 대수층에서 우물로 물이 유입된다. 우물 주변의 지하수위는 우물의 경계에서 강하가 시작되어 점점 멀리 전파된다. 강하된 수위를 그리면 깔때기 모양이 유지되는데 이를 수면강하곡선이라 한다. 우물에서 장기간 양수하여 더 이상 수면강하가 발생되지 않는 범위까지를 영향원(혹은 영향 반경)이라 한다. 우물에서 양수하여 수위강하가 발생되다가 더 이상 변화가 없는 상태에 이르면 이를 정상상태(혹은 평형상태)라 한다. 어떤 우물은 장기간 양수하여도 계속해서 수면강하가 발생된다. 즉, 시간에 따라 수면강하곡선이 변하는 경우를 부정류상태(비평형 상태)라 한다.

수두강하량

반지름이 r인 곳에서 수위가 h일 때 유량 Q는, $Q=AV=2\pi rak\frac{dh}{dr}$ 이다. dh에 관해 정리하면, $dh=\frac{Q}{2\pi ak}\frac{1}{r}dr$이다. 이 식을 적분하면, $h=\frac{Q}{2\pi ak}\ln r+C$이다.

(1) 경계조건 $r=R$에서 수위 $h=H$

(2) 경계조건 $r=r_0$에서 수위 $h=h_0$를 적용한다.

$$H=\frac{Q}{2\pi ak}\ln R+C$$

$$h_0=\frac{Q}{2\pi ak}\ln r_0+C$$

위 식에서 아래 식을 제하면,

$$H-h_0=\frac{Q}{2\pi ak}\ln\frac{R}{r_o}$$

22 그림과 같은 굴착정(artesian well)의 유량을 구하는 공식은? (단, R : 영향원의 반지름, K : 투수계수, m : 피압대수층의 두께)

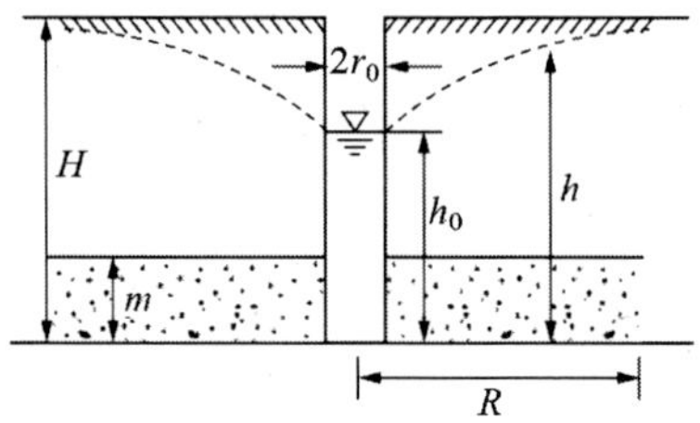

① $Q=\dfrac{2\pi mK(H+h_o)}{\ln(R/r_o)}$　　② $Q=\dfrac{2\pi mK(H+h_o)}{\ln(r_o/R)}$

③ $Q=\dfrac{2\pi mK(H-h_o)}{\ln(R/r_o)}$　　④ $Q=\dfrac{2\pi mK(H-h_o)}{\ln(r_o/R)}$

풀이 앞쪽의 해설참조

$H-h_0=\dfrac{Q}{2\pi ak}\ln\dfrac{R}{r_o}$에서 대수층 두께를 m으로 대신하고 Q에 관해 정리하면,

$Q=\dfrac{2\pi mK(H-h_o)}{\ln(R/r_o)}$

정답 ③

23 Dupuit의 침윤선 공식으로 옳은 것은? (단, q : 단위폭당 유량, l : 침윤선의 길이, K : 투수계수이다.)

① $q=\dfrac{K}{2l}(h_1^2-h_2^2)$　　② $q=\dfrac{K}{2l}(h_1^2+h_2^2)$

③ $q=\dfrac{K}{l}(h_1^{3/2}-h_2^{3/2})$　　④ $q=\dfrac{K}{l}(h_1^{3/2}+h_2^{3/2})$

정답 ①

24 다음 중 부정류 흐름의 지하수를 해석하는 방법은?

① Theis 방법　② Dupuit 방법　③ Thiem 방법　④ Laplace 방법

풀이 지하수 해석은 정류와 부정류 해석으로 구분할 수 있다. 정류 문제를 해석하는 Thiem의 평형 방정식, 부정류를 해석하는 Theis의 비평형 방정식으로 구분할 수 있다.

정답 ①

25 다음 중 심정호(深井戸)를 옳게 설명한 것은?

① 깊이가 지하 100 m 이상일 때

② 정호 바닥이 불투수층에 달하였을 때

③ 정호 바닥이 불투수층을 지나서 새로운 대수층에 달하였을 때

④ 깊이가 불투수층에서 100 m 이상일 때

정답 ②

비피압대수층의 1차원 지배방정식은,

$$\frac{d^2h^2}{dx^2}=0 \quad \cdots\cdots ①$$

이 식을 두 번 적분하면,

$$h^2 = Ax + B \quad \cdots\cdots ②$$

그림에서 경계조건 $x=0$에서 $h=h_0$를 적용하면,

$$B = h_0^2 \quad \cdots\cdots ③$$

식 ②를 한 번 미분하면,

$$2h\frac{dh}{dx} = A \quad \cdots\cdots ④$$

식 ③과 ④를 식 ②에 대입하여 정리하면,

$$\frac{dh}{dx} = \frac{h^2 - h_0^2}{2hx} \quad \cdots\cdots ⑤$$

유량공식은 $Q=-Kh\frac{dh}{dx}$이므로 식 ⑤를 대입하면,

$$Q = Kh\frac{h_0^2 - H^2}{2hx} = \frac{K}{2}(h_0^2 - h^2)$$

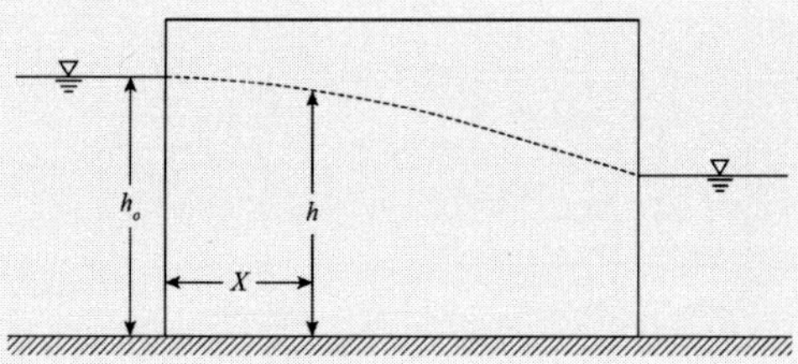

26 자유수면을 가지고 있는 깊은 우물에서 양수량 Q를 일정하게 퍼냈더니 최초의 수위 H가 h_0로 강하하여 정상흐름이 되었다. 이 때의 양수량은? (단, 우물의 반지름 = r_0, 영향원의 반지름 = R, 투수계수 = k)

① $Q = \dfrac{\pi k(H^2 - h_0^2)}{\ln\dfrac{R}{r_0}}$

② $Q = \dfrac{2\pi k(H^2 - h_0^2)}{\ln\dfrac{R}{r_0}}$

③ $Q = \dfrac{\pi k(H^2 - h_0^2)}{2\ln\dfrac{R}{r_0}}$

④ $Q = \dfrac{\pi k(H^2 - h_0^2)}{2\ln\dfrac{r_0}{R}}$

정답 ①

우물 : 비피압대수층

반지름이 r_w인 비피압 우물에서 일정한 유량 Q로 양수할 때, 우물에서 수위h_w와 우물중심에서 우물 영향반경 r_e만큼 떨어진 곳에서 수위 H(초기 수위와 같음)가 일정하였다. 이 지하수층의 투수계수 K, Q의 관계를 알아보자.

반지름이 r_w이고 수위가 h_w일 때,

$$h_w^2 = \frac{Q}{\pi K}\ln r_w + C \quad \cdots\cdots (1)$$

반지름이 r_e이고 수위가 H일 때,

$$H^2 = \frac{Q}{\pi K}\ln r_e + C \quad \cdots\cdots (2)$$

식 (2)에서 식 (1)을 제하고 투수계수 K, 혹은 유량 Q에 대해 정리하면,

$$H^2 - h_w^2 = \frac{Q}{\pi K}\ln\frac{r_e}{r_w},\quad K = \frac{Q}{\pi(H^2 - h_w^2)}\ln\frac{r_e}{r_w}$$

$$Q = \frac{\pi k(H^2 - h_w^2)}{\ln\dfrac{r_e}{r_w}},$$

$$Q = \frac{\pi k(H^2 - h_w^2)}{2.3\log\dfrac{r_e}{r_w}} \quad \text{(상용로그)}$$

27 자유수면을 가지고 있는 깊은 우물의 유량공식은? (단, R : 영향권의 반경, r_0는 : 우물 직경, h_0 : 우물 수심, H : 원 지하수위, K : 투수계수)

① $Q=\dfrac{2\pi k(H+h_0)}{2.3\log\dfrac{R}{r_0}}$　② $Q=\dfrac{2\pi k(H-h_0)}{2.3\log\dfrac{R}{r_0}}$

③ $Q=\dfrac{\pi k(H^2+h_0^2)}{2.3\log\dfrac{R}{r_0}}$　④ $Q=\dfrac{\pi k(H^2-h_0^2)}{2.3\log\dfrac{R}{r_0}}$

정답 : ④

28 비피압대수층 내 지름 $D=2$ m, 영향권의 반지름 $R=1000$ m, 원지하수의 수위 $H=9$ m, 집수정의 수위 $h_0=5$ m인 심정호의 양수량은? (단, 투수계수 $k=0.0038$ m/s)

① 0.0415 m³/s　② 0.0461 m³/s　③ 0.0968 m³/s　④ 1.8232 m³/s

풀이 $Q=\dfrac{\pi k(H^2-h_0^2)}{\ln\dfrac{R}{r_0}}=\dfrac{3.14\times0.0038(9^2-5^2)}{\ln\dfrac{1000}{1}}=0.0967\ \mathrm{m^3/s}$

정답 ③

CHAPTER 09

수문학

01 물의 순환에 관한 설명으로서 틀린 것은?

① 지구상에서 존재하는 수자원이 대기권을 통해 공급되고, 지하로 침투하여 지하수를 형성하는 등 복잡한 반복과정이다.

② 지표면 또는 바다로부터 증발된 물이 강수, 침투 및 침루, 유출 등의 과정을 거치는 물의 이동현상이다.

③ 물의 순환과정에서 강수량은 지하수 흐름과 지표면 흐름의 합과 동일하다.

④ 물의 순환과정 중 강수, 증발 및 증산은 수문기상학 분야이다.

정답 ③

02 다음 중 물의 순환 과정에 대한 순서로 옳게 나열한 것은?

① 증발 → 강수 → 차단 → 증산 → 침투 → 침루 → 유출

② 증발 → 강수 → 증산 → 차단 → 침투 → 침루 → 유출

③ 증발 → 강수 → 차단 → 증산 → 침루 → 유출 → 침투

④ 증발 → 강수 → 증산 → 차단 → 침투 → 유출 → 침루

풀이 증발과 증산에 의해 대기중으로 수분이 충분히 공급되고, 대기중 수분이 이슬점이하에서 응격핵을 중심으로 결합되어 무거워지면 강수가 된다. 지표면에 도달하기전 식물의 잎 등에 의에 차단이 발생되며 지표면에 도달한 강우는 지표면 아래 혹은 지표면을 따라 이동하면서 유출이 발생된다. 지표면 아래로 침투되면서 지하수 수면에 도달(침루)하기도 한다. 이 과정에 가장 적합한 것은 ①이라 할 수 있다.

정답 ①

03 하상계수에 대한 설명으로 옳은 것은?

① 대하천의 주요 지점에서의 강우량과 저수량의 비
② 대하천의 주요 지점에서의 최소유량과 최대유량의 비
③ 대하천의 주요 지점에서의 홍수량과 하천유지유량의 비
④ 대하천의 주요 지점에서의 최소유량과 갈수량의 비

정답 ②

04 하상계수를 바르게 설명한 것은?

① 홍수 전과 홍수 후의 하상 변화량의 비를 말한다.
② 최심 하상고와 평형 하상고의 비이다.
③ 개수 전과 개수 후의 수심 변화량의 비를 말한다.
④ 최대유량과 최소유량의 비를 말한다.

정답 ④

05 일기 및 기후변화의 직접적인 주요 원인은?

① 에너지 소비 ② 태양 흑점의 변화
③ 물의 오염 ④ 지구의 자전 및 공전

정답 ④

06 대기의 온도 t_1, 상대습도 70%인 상태에서 증발이 진행되었다. 온도가 t_2로 상승하고 대기 중의 증기압이 20% 증가하였다면 온도 t_1 및 t_2에서의 포화증기압이 각각 10.0 mmHg 및 14.0 mmHg라 할 때 온도 t_2에서의 상대습도는 약 얼마인가?

① 50% ② 60% ③ 70% ④ 80%

풀이 상대습도 공식

$$R_h = \frac{e}{e_s} \times 100(\%)$$

온도 t_1에서 $70\% = \frac{e_1}{10} \times 100$이다. 증기압을 계산하면, $e_1 = 7\text{mmHg}$

온도 t_2에서 e_1 보다 증기압이 20% 상승했으므로 $e_2 = 7 + 7 \times 0.2 = 8.4\text{mmHg}$

$$R_h = \frac{8.4}{14} \times 100 = 60\%$$

정답 ②

상대습도

상대습도 R_h는 어떤 온도에서 포화증기압에 대한 실제증기압의 비다.

$$R_h = \frac{e}{e_s} \times 100(\%)$$

기온과 이슬점 온도가 주어진 경우에 상대습도는 근사식으로 구할 수 있다.

$$R_h = 100\left(\frac{112 - 0.1T + T_d}{112 + 0.9T}\right)^8$$

07 다음의 강수에 관한 설명 중 틀린 것은?

① 강수는 구름이 응축되어 지상으로 강하하는 모든 형태의 수분을 총칭한다.
② 일우량(24 hr 우량)이 0.1 mm 이하일 경우에는 무강우로 취급한다.
③ 누가우량곡선은 자기우량계에 의해 측정된 누가강우의 시간적 변화를 기록한 곡선이다.
④ 이중누가우량 분석법은 강수량 자료의 결측치를 보완하는 방법이다.

풀이 이중누가우량 분석법은 자료의 일관성 검증을 위한 것이다.

정답 ④

08 강우와 강우해석에 대한 설명으로 옳지 않은 것은?

① 강우강도의 단위는 mm/hr이다.
② DAD 해석은 지속기간별, 면적별 최대강우량을 구하는 방법이다.
③ 정상 연강수 비율법(normal ratio method)은 면적평균 강수량을 구하는 방법이다.
④ 대류형 강우는 주위보다 더운 공기의 상승으로 일어난다.

풀이 정상 연강수 비율법은 결측 자료를 보완하기 위한 방법이다.

정답 ③

09 강우 자료의 일관성을 분석하기 위해 사용하는 방법은?

① 합리식
② DAD 해석법
③ 이중누가우량분석
④ SCS(Soil Conservation Service) 방법

정답 ③

10 다음 중 강수 결측자료의 보완을 위한 추정방법이 아닌 것은?

① 단순비례법 ② 이중누가우량분석법
③ 산술평균법 ④ 정상연강수량비율법

풀이 이중누가우량분석법은 자료의 일관성 검증을 위한 방법이다.

정답 ②

11 강우자료의 변화요소가 발생하여 전반적인 자료의 일관성이 없어진 경우, 과거의 기록치를 보정하기 위한 방법은?

① 정상연강수량비율법 ② DAD 분석
③ Thiessen의 가중법 ④ 이중누가우량곡선

정답 ④

12 측정된 강우량 자료가 기상학적 원인 이외에 다른 영향을 받았는지의 여부를 판단하는, 즉 일관성(consistency)에 대한 검사방법은?

① 순간 단위 유량도 ② 합성 단위 유량도
③ 이중누가우량분석법 ④ 선행 강수 지수법

정답 ③

13 유역의 평균 강우량 산정방법이 아닌 것은?

① 산술평균법 ② 등우선법
③ Thiessen의 가중법 ④ 기하평균법

정답 ④

이중누가곡선

수문해석을 위해 사용될 강우자료의 상태가 양호한가를 검증해야 한다. 즉, 사용될 자료가 일관성(consistency)이 있는지를 검토해야 한다. 일관성이 결여되는 이유로는 관측기기의 교체, 관측방법의 변경, 관측소의 이동, 관측원의 변경이나 실수 등과 같은 인위적인 원인과 기후변화, 지형변화 등 자연적인 원인이 있다. 자료의 일관성 검증은 이중누가곡선(mass curve)의 해석에 의해 수행하고 일관성에 문제가 있으면 자료를 보정하여 사용하든지 취사선택하거나 구분해서 사용해야 한다.

14 강수량 자료를 분석하는 방법 중 이중누가해석(double mass analysis)에 대한 설명으로 옳은 것은?

① 강수량 자료의 일관성을 검증하기 위하여 이용한다.
② 강수의 지속기간을 알기 위하여 이용한다.
③ 평균강수량을 계산하기 위하여 이용한다.
④ 결측자료를 보완하기 위하여 이용한다.

정답 ①

15 강우강도에 대한 설명 중 틀린 것은?

① 강우깊이(mm)가 일정할 때 강우지속 시간이 길면 강우강도는 커진다.
② 강우강도와 지속 시간의 관계는 Talbot, Sherman, Japanese형 등의 경험공식에 의해 표현된다.
③ 강우강도식은 지역에 따라 다르며, 자기 우량계의 우량 자료로부터 그 지역의 특성 상수를 결정한다.
④ 강우강도식은 댐, 우수관거 등의 수공구조물의 중요도에 따라 그 설계 재현기간이 다르다.

정답 ①

16 3종의 강우강도 I_1, I_2, I_3의 대소(大小) 관계로 옳은 것은?

구분	I_1	I_2	I_3
강우량(mm)	200	50	120
지속시간(min)	100	30	80

① $I_1 > I_2 > I_3$
② $I_1 > I_3 > I_2$
③ $I_1 = I_2 < I_3$
④ $I_1 < I_2 = I_3$

풀이

구분	I_1	I_2	I_3
강우량(mm)	200	50	120
지속시간(min)	100	30	80
강우강도(mm/hr)	120	100	90

정답 ①

17 다음 중 평균 강우량 산정방법이 아닌 것은?

① 각 관측점의 강우량을 산술평균하여 얻는다.
② 각 관측점의 지배면적을 가중인자로 잡아서 각 강우량에 곱하여 합산한 후 전유역면적으로 나누어서 얻는다.
③ 각 등우선 간의 면적을 측정하고 전유역면적에 대한 등우선 간의 면적을 등우선 간의 평균 강우량에 곱하여 이들을 합산하여 얻는다.
④ 각 관측점의 강우량을 크기순으로 나열하여 중앙에 위치한 값을 얻는다.

정답 ④

평균강우량 산정방법

관측소의 강우량은 관측지점(point)의 값이며 수문해석에 대상유역에 해당하는 면적평균 강우량이 필요하다.

- 산술평균법

대상 유역 내에 있는 관측소들이 기상학적으로 동질성이 있다고 판단되고 비교적 평탄한 유역에 적용 가능한 방법이며, 관측소별 강우량을 간단히 산술평균하여 면적강우량을 구하는 방법이다. 관측소가 유역 내에 균등하게 분포되어 있어야 하며 관측소 사이의 강우량 차이가 적을 때 유용하다.

$$P_m = \frac{1}{n}\sum_{i=1}^{n} P_i$$

여기서 P_m은 유역의 평균강우량이며, P_i는 유역 내에서 각 관측소 강우량이다.

- 티센다각형법

유역 내에서 관측소가 지배하는 면적을 작성한다. 그 면적을 가중치로 부여하며 유역의 평균 강우량을 산정하는 방법으로 가중방법이라고도 한다. 유역 내의 관측소뿐만 아니라 유역의 주변관측소도 이용된다. 지배 면적을 작성하기 위해서 지도상에서 각 관측소위치를 직선으로 연결한 삼각형망을 가능한 내각이 90° 이내이고 3변의 길이 차이가 작게 작성한다. 삼각형의 3변에 수직이등분선을 그으면 관측소를 중심으로 새로운 다각형이 형성된다. 각 관측소를 포함하는 다각형 면적이 해당관측소의 지배면적이 되며, 전체면적 중에 차지하는 면적비율을 관측소별 강우량에 대한 가중치로 부여하여 면적평균 강우량을 산정한다. 이때 유역면적과 분할면적 단위를 통일하여 적용한다.

$$P_{av} = W_1P_1 + W_2P_2 + \cdots + W_nP_n$$

여기서 $W_i = A_i/A$, A_i는 각 관측소의 지배면적, $A = \sum_{i=1}^{n} A_i$는 대상 유역면적이다.

18 티센(Thiessen) 면적 평균강우량(R) 산정식으로 옳은 것은? (단, A_i : i 관측소 면적, R_i : i 관측소 강우량)

① $R = \dfrac{\sum_{i=1}^{n} A_i R_i}{\sum_{i=1}^{n} A_i}$

② $R = \dfrac{\sum_{i=1}^{n} A_i \sum_{i=1}^{n} R_i}{\sum_{i=1}^{n} A_i}$

③ $R = \dfrac{\sum_{i=1}^{n} A_i \sum_{i=1}^{n} R_i^2}{\sum_{i=1}^{n} A_i}$

④ $R = \dfrac{1}{n} \sum_{i=1}^{n} R_i$

정답 ①

19 유역의 평균 강우량을 계산하기 위하여 사용되는 Thiessen 방법의 단점으로 옳은 것은?

① 지형의 영향(산악효과)을 고려할 수 없다.

② 지형의 영향은 고려되나 강우 형태는 고려되지 않는다.

③ 우량계의 종류에 따라 크게 영향을 받는다.

④ 계산은 간편하나 산술평균법보다 부정확하다.

정답 ①

등우선법

지형도에서 등고선을 작성하는 것처럼 강우량을 근거로 등우선도를 작성하여 면적 평균강우량을 산정하는 방법으로 강우의 변화가 심한 산악지형에 적합하다. 작성된 등우선도를 이용하여 등우선과 등우선 사이의 면적을 전체 면적으로 나누어 가중치로 부여하여 평균강우량을 산정한다. 유역 내에서 등우선도를 작성할 수 있도록 충분한 관측소가 있어야 하며 등우선을 작성하는 데 다소 작성자의 주관에 따라 결정될 수 있다. 또한 등우선 사이의 면적을 결정하는 문제가 번거롭다는 단점이 있다.

$$P_{av} = \frac{A_1 P_{av1} + A_2 P_{av2} + \cdots + A_n P_{avn}}{A_1 + A_2 + \cdots + A_n} = \frac{\sum_{i=1}^{n} A_i P_{avi}}{\sum_{i=1}^{n} A_i}$$

여기서 P_{avi}는 인접한 등우선 사이 면적에 대한 평균강우량, A_i는 인접한 등우선 사이의 면적이다.

20 강우계의 관측분포가 균일한 평야지역의 작은 유역에 발생한 강우에 적합한 유역 평균 강우량 산정법은?

① Thiessen의 가중법 ② Talbot의 강도법

③ 산술평균법 ④ 등우선법

정답 ③

21 그림과 같은 유역(12 km × 8 km)의 평균강우량을 티센방법으로 구한 값은? (단, 1, 2, 3, 4번 관측점의 강우량은 각각 140, 130, 110, 100 mm이며, 작은 사각형은 2 km × 2 km의 정사각형으로서 모두 크기가 동일하다.)

① 120 mm ② 123 mm ③ 125 mm ④ 130 mm

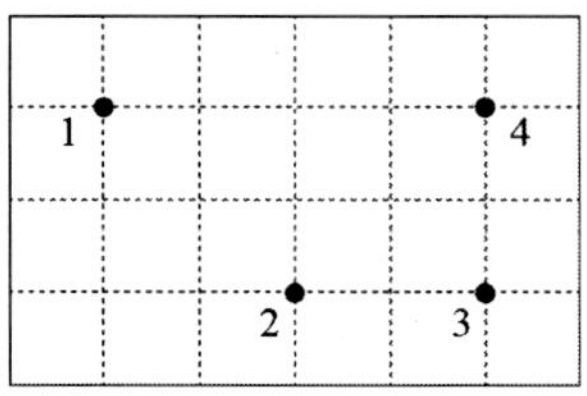

풀이 그림에서 관측소를 삼각형으로 연결하여 티센다각형을 구성한다.

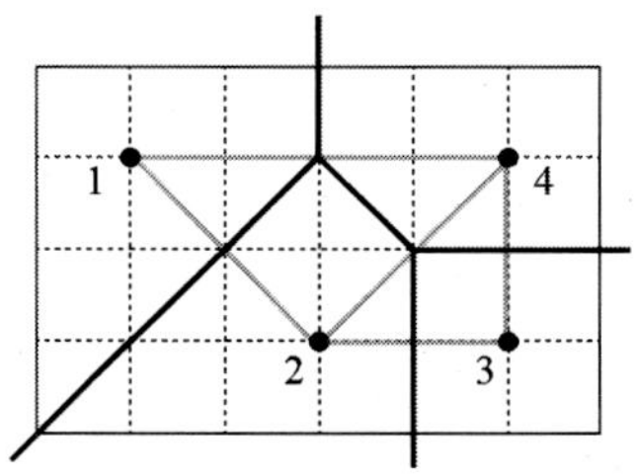

1번 관측소의 지배면적은 사각형 개수가 (7.5개 × 4 km^2) = 30 km^2

2번 관측소의 지배면적은 사각형 개수가 (7개 × 4 km^2) = 28 km^2

3번 관측소의 지배면적은 사각형 개수가 (4개 × 4 km^2) = 16 km^2

4번 관측소의 지배면적은 사각형 개수가 (5.5개 × 4 km^2) = 22 km^2

전체면적은 96 km^2이다.

평균강우량은,

$$\overline{P} = \frac{30}{96}140 + \frac{28}{96}130 + \frac{16}{96}110 + \frac{22}{96}100$$

$$= 123 \text{ mm}$$

정답 ②

22 강우깊이-유역면적-지속시간(Depth-Area-Duration : DAD)관계 곡선에 대한 설명으로 옳지 않은 것은?

① DAD 작성 시 대상유역의 지속시간별 강우량이 필요하다.
② 최대평균우량은 지속시간에 비례한다.
③ 최대평균우량은 유역면적에 반비례한다.
④ 최대평균우량은 재현기간에 반비례한다.

풀이 최대평균우량은 재현기간이 클수록 커진다. 그러므로 비례한다.

정답 ④

23 DAD(Depth-Area-Duration)해석에 관한 설명 중 옳은 것은?

① 최대 평균 우량 깊이, 유역면적, 강우강도와의 관계를 수립하는 작업이다.
② 유역면적을 대수축(logarithmic scale)에 최대평균강우량을 산술축(arithmetic scale)에 표시한다.
③ DAD 해석 시 상대습도 자료가 필요하다.
④ 유역면적과 증발산량과의 관계를 알 수 있다.

정답 ②

D-A-D 해석

D-A-D 해석은 강우의 공간정보뿐만 아니라 시간정보도 제공해준다. 강우량, 면적, 지속기간 사이의 관계는 유역면적의 크기에 따라서 여러 가지 지속기간을 갖는 최대강우량을 산정하는 데 유용하다. 즉, 여러 가지 지속기간을 갖는 강우가 발생할 때 예상되는 지속기간별 최대강우를 유역별로 결정해놓으면 편리하다. 이들 사이의 분석을 통해서 얻어진 D-A-D 곡선은 우수거, 고속도로 배수구 등을 설계하는 데 유용하다.

D-A-D 곡선을 얻기 위한 절차는 다음과 같다.

① 대상유역의 강우관측소에서 관측된 강우 기록에서 지속시간별 최대강우량을 선택하고 누가강우량을 계산한다.
② 티센다각형과 등우선도를 작성하고 등우선 내의 면적을 구한다.
③ 티센다각형을 참고하여 등우선 구간에 대한 평균누가강우량곡선을 작성한다.
④ 가장 큰 등우선 면적부터 등우선 면적을 합해가면서 면적 증가에 따른 평균누가우량곡선을 구한다.
⑤ 면적별 평균누가우량곡선으로부터 지속시간에 따른 최대강우량을 구한다.
⑥ 지속시간에 따라서 반대수지용지의 세로축에 최대평균강우량, 가로축에 누가면적을 표시하면 일련의 D-A-D 곡선을 얻을 수 있다.

24 면적 평균 강수량 계산법에 관한 설명으로 옳은 것은?

① 관측소의 수가 적은 산악지역에는 산술평균법이 적합하다.
② 티센망이나 등우선도 작성에 유역 밖의 관측소는 고려하지 말아야 한다.
③ 등우선도 작성에 지형도가 반드시 필요하다.
④ 티센 가중법은 관측소간의 우량변화를 선형으로 단순화한 것이다.

정답 ④

25 DAD(depth-area-duration)해석에 관한 설명으로 옳은 것은?

① 최대 평균 우량깊이, 유역면적, 강우강도와의 관계를 수립하는 작업이다.
② 유역면적을 대수축(logarithmic csale)에 최대평균강우량을 산술축(arithmetic scale)에 표시한다.
③ DAD 해석 시 상대습도 자료가 필요하다.
④ 유역면적과 증발산량과의 관계를 알 수 있다.

정답 ②

26 강수량 자료를 해석하기 위한 DAD 해석 시에 필요한 자료는?

① 강우량, 단면적, 최대수심
② 적설량, 분포 면적, 적설 일수
③ 강우량, 집수 면적, 강우 기간
④ 수심, 유속 단면적, 홍수 기간

정답 ③

27 DAD 곡선을 작성하는 순서로 옳은 것은?

> 가. 누가우량곡선으로부터 지속기간별 최대우량을 결정한다.
> 나. 누가면적에 대한 평균누가우량을 산정한다.
> 다. 소구역에 대한 평균누가우량을 결정한다.
> 라. 지속기간에 대한 최대우량깊이를 누가면적별로 결정한다.

① 가 - 다 - 나 - 라
② 나 - 가 - 라 - 다
③ 다 - 나 - 가 - 라
④ 라 - 다 - 나 - 가

정답 ①

28 DAD 해석에 관한 내용으로 옳지 않은 것은?

① DAD의 값은 유역에 따라 다르다.
② DAD 해석에서 누가우량곡선이 필요하다.
③ DAD 곡선은 대부분 반대수지로 표시된다.
④ DAD 관계에서 최대평균우량은 지속시간 및 유역면적에 비례하여 증가한다.

풀이 임의 지속시간에 대해 최대평균유량은 유역면적이 클수록 감소한다.

정답 ④

29 다음 중 누가우량곡선(rainfall mass curve)의 특성으로 옳은 것은?

① 누가우량곡선은 자기우량기록에 의하여 작성하는 것보다 보통우량계의 기록에 의하여 작성하는 것이 더 정확하다.
② 누가우량곡선으로부터 일정기간 내의 강우량을 산출하는 것은 불가능하다.
③ 누가우량곡선의 경사는 지역에 관계없이 일정하다.
④ 누가우량곡선의 경사가 클수록 강우강도가 크다.

정답 ④

30 강우강도 공식에 관한 설명으로 틀린 것은?

① 강우강도(I)와 강우지속기간(D)과의 관계로서 Talbot, Sherman, Japanese형의 경험공식에 의해 표현될 수 있다.
② 강우강도공식은 자기우량계의 우량자료로부터 결정되며, 지역에 무관하게 적용 가능하다.
③ 도시지역의 우수거, 고속도로 암거 등의 설계시에 기본자료로서 널리 이용된다.
④ 강우강도가 커질수록 강우가 계속되는 시간은 일반적으로 작아지는 반비례 관계이다.

정답 ②

31 강우강도 $I=\dfrac{5,000}{t+40}$ mm/hr로 표시되는 어느 도시에 있어서 20분간의 강우량 R_{20}은?

① 17.8 mm ② 27.8 mm ③ 37.8 mm ④ 47.8 mm

풀이 $I=\dfrac{5,000}{20+40}=83.33\text{ mm/hr}$

강우량 $R_{20}=83.3/3=27.8\text{ mm}$

정답 ②

32 강우강도(I), 지속기간(D), 생기빈도(F) 관계를 표현하는 식 $I=\dfrac{kT^x}{t^n}$에 대한 설명으로 틀린 것은?

① t : 강우의 지속시간(min)으로서, 강우가 계속 지속될수록 강우강도(I)는 커진다.

② I : 단위시간에 내리는 강우량(mm/hr)인 강우강도이며 각종 수문학적 해석 및 설계에 필요하다.

③ T : 강우의 생기빈도를 나타내는 연수(年數)로 재현기간(년)을 이미한다.

④ k, x, n : 지역에 따라 다른 값을 가지는 상수이다.

정답 ①

강우강도식

• Talbot 형

$$I=\frac{b}{t+a} \quad \text{혹은} \quad I=\frac{b}{t+a}+c$$

• Sherman 형

$$I=\frac{c}{t^n} \quad \text{혹은} \quad I=\frac{c}{(t+b)^n}$$

• Japanese 형

$$I=\frac{d}{\sqrt{t+e}} \quad \text{혹은} \quad I=\frac{d}{\sqrt{t+b}}+c$$

• 일반형(General)

$$I=\frac{a}{t^n+b}$$

여기서 I는 강우강도(mm/hr), t는 지속시간(min, hr, days), a, b, c, d, n은 지역에 따라 결정되는 상수이다. 재현기간에 따라 지역별로 강우강도식을 유도하여 사용한다. 지속시간은 일반적으로 분(min)을 사용한다. 또한 지속시간은 최소한 도달시간과 같거나 길어야 한다. 일반적으로 발생빈도가 같을 경우에 강우의 지속기간이 길면 강우강도가 작고, 강우의 지속기간이 짧으면 강우강도는 크다. 강우강도는 지속기간이 길어짐에 따라서 지수함수적으로 감소하므로 대수용지에 그리면 직선으로 나타난다. 재현기간별로 강우강도와 지속기간과의 관계식을 강우강도식이라 한다. 강우강도식은 지역적인 특성에 따라 다르게 나타나며 지역에 적절한 강우강도식을 이용하여 그 지역의 단지설계, 주차장설계, 도로의 암거와 도시지역의 우수관거 등을 설계할 때 유용하게 적용된다. 수공구조물의 설계와 수자원 계획을 수립할 때 설계강우량을 산정하기 위해서는 강우강도-지속기간-발생빈도(intensity-duration-frequency, IDF) 곡선이 필요하다.

33 다음 표는 어느 지역의 40분간 집중 호우를 매 5분마다 관측한 것이다. 지속기간이 20분인 최대 강우강도는?

시간(분)	우량(mm)
0~5	1
5~10	4
10~15	2
15~20	5
20~25	8
25~30	7
30~35	3
35~40	2

① $I=49$ mm/hr ② $I=59$ mm/hr ③ $I=69$ mm/hr ④ $I=72$ mm/hr

풀이 강우량 단위는 mm, 강우강도 단위는 mm/hr를 고려한다. 강우지속시간이 20분이며 이를 mm/hr로 환산하면 된다.

시간(분)	우량(mm)	강우강도(mm/hr)
0~20	12	36
5~25	19	57
10~30	22	66
15~35	23	69
20~40	20	60

정답 ③

34 강우강도 공식에 관한 설명으로 틀린 것은?

① 자기우량계의 우량자료로부터 결정되며, 지역에 무관하게 적용 가능하다.
② 도시지역의 우수관로, 고속도로 암거 등의 설계시 기본자료로서 널리 이용된다.
③ 강우강도가 커질수록 강우가 계속되는 시간은 일반적으로 작아지는 반비례 관계이다.
④ 강우강도(I)와 강우지속시간(D)과의 관계로서 Talbot, Sherman, Japanese 형의 경험공식에 의해 표현될 수 있다.

풀이 자기우량계는 강우 측정 장치이며 이로부터 강우강도식을 유도할 수 있으며 지역마다 강우특성은 다르므로 강우강도식의 계수 값은 다르다.

정답 ①

35 어떤 유역에 표와 같이 30분간 집중호우가 발생하였다. 지속시간 15분인 최대 강우 강도는?

시간(분)	0~5	5~10	10~15	15~20	20~25	25~30
유량(mm)	2	4	6	4	8	9

① 80 mm/hr　② 72 mm/hr　③ 64 mm/hr　④ 50 mm/hr

정답 ②

36 IDF 곡선의 강우강도와 지속기간의 관계에서 Talbot형으로 표시된 식은? 단, I는 강우강도, t는 지속기간, T는 생기빈도이고 a, b, c, d, e, n, k, x는 지역에 따라 다른 값을 갖는 상수)

① $I=\dfrac{c}{t^n}$　② $I=\dfrac{kT^x}{t^n}$　③ $I=\dfrac{d}{\sqrt{t}+e}$　④ $I=\dfrac{a}{t+b}$

정답 ④

37 대규모 수공구조물의 설계우량으로 가장 적합한 것은?

① 평균면적우량　② 발생가능최대강수량(PMP)
③ 기록상의 최대우량　④ 재현기간 100년에 해당하는 강우량

풀이 대규모 수공구조물(예 : 댐)을 설계할 때는 가능최대강수량(PMP : Probable Maximum Precipitation)을 적용한다.

정답 ②

38 증발량 산정 방법이 아닌 것은?

① Dalton 법칙　② Holton 공식
③ Penman 공식　④ 물수지법

정답 ②

39 다음 중 증발에 영향을 미치는 인자가 아닌 것은?

① 온도　② 대기압
③ 통수능　④ 상대습도

정답 ③

가능최대강수량(PMP/PM)

가능최대강수량(Probable Maximum Precipitation, PMP)은 최악의 기상조건하에서 해당유역에서 발생 가능한 최대강수량을 의미한다. 즉, 이 유역에서 가능최대강수량 보다 큰 강수는 발생하지 않는다는 것으로 특별한 수공구조물이나 댐과 같은 대규모 수공구조물의 설계에 적용된다. 댐과 같은 대규모 수공구조물의 파괴로 인해 사회·경제적 피해가 심각한 경우에는 가능최대강수량과 그 유역에 최악의 유출조건이 발생되어 나타날 수 있는 가능최대홍수량(probable maximum flood, PMF)을 초과하지 않도록 설계홍수량을 결정한다. 가능최대강수량은 실현가능성이 작은 가상적인 강우로 산정방법은 (1) 과거의 자료에 의해서 추정하는 방법으로 가장 극심했던 강우량의 포락선(envelop curve)을 작성하여 결정하는 포락선방법, (2) 우량관측소에서 일강우량을 이용하여 빈도개념을 적용하여 산정하는 통계적인 방법, (3) 이슬점, 기온, 바람, 기압 등과 같은 기상자료를 이용하여 대기 중의 수분량을 추정하고 이 수분양이 전부 강우로 변하여 가능최대강수량이 될 수 있는 기상학적 방법이다.

증발량 산정

증발현상은 공기가 포함된 수증기량이 해당기온에서의 포화증기압에 도달할 때까지 계속되며 증발에 영향을 주는 요소로서는 태양복사열, 증기압, 바람, 대기압, 물의 종류, 습도 등이다. 증발과정은 비교적 단순하지만 증발량에 영향을 주는 요소가 여러 가지이므로 그 산정은 단순하지 않다. 정확한 증발량을 산정하기 위해 영향을 주는 많은 요소의 자료 획득에 노력이 필요하다. 대기와 접하고 있는 자유수면으로부터 증발량을 산정하는 방법은, (1) 공기동력학법칙에 의한 방법, (2) 에너지수지에 의한 방법, (3) 물수지에 의한 방법, (4) Pennman 방법, (5) 관측에 의한 방법 등이 있다.

40 다음 중 증발량 산정방법이 아닌 것은?

① 에너지수지(energy budget) 방법 ② 물수지(water budget) 방법
③ IDF 곡선 방법 ④ Penman 방법

정답 ③

41 어떤 유역내의 총강수량을 P, 지표수 유입량을 I, 지표수 유출량을 O, 지하수 유출입량을 U, 유역내의 저류량의 변화량을 S라 할 때 물 수지 원리에 의한 증발량 E를 구하는 방정식으로 옳은 것은?

① $E = P - I \pm U + O \pm S$ ② $E = P + I - U - O \pm S$
③ $E = P + I \pm U - O \pm S$ ④ $E = P + I + U + O - S$

정답 ③

증발량 산정

• 물수지에 의한 방법

이 방법은 일정 기간 동안에 저수지(혹은 호수)로의 유입량과 유출량을 고려하여 증발량을 산정한다. 저수지로의 유입량 I(m^3/s), 저수지에서의 유출량 O(m^3/s)를 이용한, 연속방정식을 수식으로 표현하면 다음과 같다.

$$I - O = \frac{dS}{dt}$$

여기서 S는 저수지의 저류량(m^3)이다. 유입량 I와 유출량 O를 구체적으로 나타내면 다음과 같다.

$$I = P + Q + Q_r + Q_s,\ O = E + Q_o + Q_d$$

여기서 P는 강우에 의해 저수지 수면위로 유입되는 양, Q는 하천으로부터 유입량, Q_r은 지표면으로부터 유입량, Q_s는 지하수 유입량, E는 증발량, Q_o는 저수지 하류의 하천을 통한 유출량, Q_d는 저수지 바닥이나 측벽을 통해 침투되는 양이다.

42 수문에 관련된 용어에 대한 설명 중 옳지 않은 것은?

① 증발이란 액체 상태의 물이 기체 상태의 수증기로 바뀌는 현상이다.

② 증산(transpiration)이란 식물의 엽면(葉面)을 통해 물이 수증기로 바뀌는 현상이다.

③ 침투란 토양면을 통해 스며든 물이 중력에 의해 계속 지하로 이동하여 불투수층까지 도달하는 것이다.

④ 강수(precipitation)란 구름이 응축되어 지상으로 떨어지는 모든 형태의 수분을 총칭한다.

풀이 토양면을 통해 스며든 물이 중력에 의해 계속 지하로 이동하는 것을 침투라하며 침투가 계속해서 진행되다가 지하수면을 만나게 되어 지하수를 상승시키는 것을 침루라 한다. ③은 침루를 의미한다.

정답 ③

43 물의 순환과정인 증발에 관한 설명으로 옳지 않은 것은?

① 증발량은 물수지방정식에 의하여 산정될 수 있다.

② 증발은 자유수면 뿐만 아니라 식물의 엽면 등을 통하여 기화되는 모든 현상을 의미한다.

③ 증발접시계수는 저수지 증발량의 증발접시 증발량에 대한 비이다.

④ 증발량은 수면온도에 대한 공기의 포화증기압과 수면에서 일정 높이에서의 증기압의 차이에 비례한다.

정답 ②

44 수표면적이 10 km²인 저수지에 24시간 동안 측정된 증발량이 2 mm이며, 이 기간 동안 저수지 수위의 변화가 없었다면, 저수지로 유입된 유량은? (단, 저수지 수면적은 수심에 따라 변화하지 않음)

① $0.23\ m^3/s$　② $2.32\ m^3/s$　③ $0.46\ m^3/s$　④ $4.63\ m^3/s$

풀이 수심의 변화가 없으므로 유입량은 증발량과 같다.

$10\ km^2 = 10\times1000\times1000\ m^2,\ 2\ mm = \frac{2}{1000}\ m^2$

24시간 동안 증발량은,

$10\times1000\times1000\times\frac{2}{1000}/(24\times60\times60s)$

$= 0.23\ m^3/s$

정답 ①

45 수표면적이 10 km²가 되는 저수지 수면으로부터 2 m 위에서 측정된 대기의 평균온도가 25℃, 상대습도가 65%이고, 저수지 수면 6 m 위에서 측정한 풍속이 4m/s, 저수지 수면 경계층의 수온이 20℃로 추정되었을 때 증발률(Eo)이 1.44 mm/day이었다면 이 저수지 수면으로부터의 일증발량(E_{day})은?

① $42300\ m^3/day$　② $32900\ m^3/day$　③ $27300\ m^3/day$　④ $14400\ m^3/day$

풀이 문제에서 여러 가지 설명이 있으나 증발량 계산에 필요한 사항만 고려하여 계산하면 된다.

$10\ km^2 = 10\times1000\times1000\ m^2,$

$1.44\ mm/day = \frac{1.44}{1000}\ m/day$

증발량은,

$10\times1000\times1000\times\frac{1.44}{1000} = 14400\ m^3$

정답 ④

침투/침루

강우가 발생하면, 강우는 지표면을 따라 하천으로 유입되는 지표면유출과 지표면 아래로 침투되는 침투량, 증발량으로 배분된다. 침투된 물은 지표면 아래 토양의 공극을 포화시키거나 중력(gravity)과 모세관 흡인력(capillary suction)에 의해 수평, 혹은 수직 방향으로 이동하면서 지표면으로 유출되기도 하고 지하수 수위를 상승시키기도 한다. 지표면을 통과해 물이 공극 속으로 이동하는 것을 침투(infiltration)라 하고 물이 중력 방향으로 이동하여 지하수를 보충시키는 과정을 침루(percolation)라 한다.

46 토양면을 통해 스며든 물이 중력의 영향 때문에 지하로 이동하여 지하수면까지 도달하는 현상은?

① 침투(infiltration) ② 침투능(infiltration capacity)
③ 침투율(infiltration rate) ④ 침루(percolation)

정답 ④

47 다음 중 침투능을 추정하는 방법은?

① N-day법 ② ϕ-index 법 ③ DAD 해석법 ④ Theis 법

정답 ②

48 1시간 간격의 강우량이 12.6 mm, 23.3 mm, 18.3 mm, 5.7 mm이다. 지표유출량이 38 mm일 때 ϕ-index는?

① 3.34 mm/hr ② 4.72 mm/hr
③ 5.47 mm/hr ④ 6.91 mm/hr

풀이 총강우량 59.9 mm/hr,
침투량 = 59.9−38 = 21.9 mm/hr,
(1) $3\phi+5.7=21.9$에서 $\phi=5.4$ mm/hr는 5.7 보다 작으므로 재계산한다.
(2) $4\phi=21.9$에서 $\phi=5.475$ mm/hr이다.

정답 ③

49 어떤 유역에 내린 호우사상의 시간적 분포가 표와 같고 유역의 출구에서 측정한 지표유출량이 15 mm일 때 ϕ-지표는?

시간(hr)	0~1	1~2	2~3	3~4	4~5	5~6
강우강도(mm/hr)	2	10	6	8	2	1

① 2 mm/hr ② 3 mm/hr ③ 5 mm/hr ④ 7 mm/hr

풀이 표에서 시간간격이 1시간이므로 총강우량은 6시간 동안에 29 mm이다. 손실양은 29−15 = 14 mm이다. 14/6 = 2.33이므로 $3\phi+5=14$에서 $\phi=3$ mm/hr이다.

정답 ②

50 1시간 간격의 강우량이 15.2 mm, 25.4 mm, 20.3 mm, 7.6 mm이고, 지표유출량이 47.9 mm일 때 ϕ-index는?

① 5.15 mm/hr ② 2.58 mm/hr ③ 6.25 mm/hr ④ 4.25 mm/hr

정답 ①

51 다음 중 유효강우량과 관계가 깊은 것은?

① 직접 유출량 ② 기저 유출량
③ 지표면유출량 ④ 지표하 유출량

정답 ①

초과강우량/평균침투율

강우가 발생되어 지표면에 도달하면 지표면 아래의 침투량에 따라서 유출량이 결정된다. 강우량에서 침투량을 뺀 것을 초과강우량이라 한다. 어떤 유역에 동일한 강우가 2번 발생하였다면 지표면 아래 토양 공극 속의 함수량에 따라서 침투량은 달라진다. 즉, 선행강우 발생여건에 따라서 공극 내부의 함수량이 다르며 함수량은 침투량에 직접적인 영향을 준다. 일반적으로 침투량은 초기에 손실이 크고 시간이 지남에 따라서 손실은 감소하다가 최종적으로 투수계수에 접근한다. 일반적으로 유역면적이 넓고 강우의 지속기간이 긴 경우에 그 유역의 평균침투율이 중요하게 사용된다. 이를 나타내기 위해 침투지표가 사용되며 대표적인지표로서 ϕ-지표법과 w-지표법이 있다.

ϕ-지표법

토양의 종류와 강우의 공간적 불균형으로 침투율 곡선을 정확하게 추정할 수 없다. 강우 지속기간 동안에 침투율이 일정하다는 가정하에서 지표면 아래로 침투된 강우의 양을 강우의 지속기간으로 나누어 침투능력을 산정한다. 이를 평균침투율이라 하며 단위는 강우강도의 단위와 동일하다. 평균침투율 ϕ-지표를 구하는 방법은 총강우량에 대한 우량주상도를 작성하여 산정한다. 해당 유역의 출구에서 유출량을 측정하여 유역면적으로 나누어 직접유출량(초과강우량)을 구한다. 우량주상도 R의 윗부분부터 수평직선을 그리면서 윗부분이 직접유출량과 동일하도록 작성하면 이에 해당하는 강우강도(mm/hr)가 평균침투율 ϕ-지표이다. 이를 수식으로 나타내면,

$$\phi = \frac{F}{t} = \frac{P-Q}{t}$$

여기서 ϕ는 ϕ-지표(mm/hr), $F(=P-Q)$는 총침투량(mm), P는 강우량(mm), Q는 직접유출량(mm), t는 ϕ-지표를 초과한 강우강도 R의 지속시간이다.

w-지표법

강우가 지표면에 도달하면 강우의 일부가 지면의 굴곡에 저류된다. w-지표법은 ϕ-지표법에서 고려하지 않은 지면 저류량을 고려한 것이다. 토양이 매우 습하거나 많은 비가 발생된 경우에 저류로 인한 양은 증가되지 않기 때문에 ϕ-지표법과 w-지표법은 거의 동일한 값을 나타낸다. 그러나 지표면의 굴곡에 의한 저류량을 정확하게 추정하는 것은 어렵고 주관적일 수 있는 단점을 갖고 있다. 저류를 고려한 방법이므로 강우강도가 침투능력보다 커야 한다. w-지표법을 수식으로 나타내면 다음과 같다.

$$w=\frac{F}{t}=\frac{P-Q-S}{t}=\phi-\frac{S}{t}$$

여기서 w는 w-지표(mm/hr), S는 지표면 저류량(mm)이다.

52 유연면적이 2 km²인 어느 유역에 다음과 같은 강우가 있었다. 직접유출용적이 14000 m³일 때, 이 유역에서의 ϕ-index는?

시간(30 min)	1	2	3	4
강우강도(mm/hr)	102	51	152	127

① 36.5 mm/h ② 51.0 mm/h
③ 73.0 mm/h ④ 80.3 mm/h

풀이 이전의 문제와 다르게 시간 간격이 30분이고 이 때 강우강도 값이 주어져 있다. 우선, 강우강도를 강우량으로 환산(30분 간격)하면,

시간(30min)	1	2	3	4
강우강도(mm/hr)	102	51	152	127
강우량(mm)	51	25.5	76	63.5

총강우량은 216 mm이다.

직접유출용적 14000 m³을 강우 깊이로 나타내면, $\frac{140000}{2\times1000\times1000}=0.07\text{ m}=70\text{ mm}$

손실량은 216−70 = 146 mm

강우량을 4개 구간(30분간격)으로 나타냈기 때문에 개략적으로 146/4 = 36.5 mm이다. 25.5+3ϕ = 146 mm, ϕ = 40.16 mm이다. 이 값은 30분 간격이다. 그러므로,

$$\phi=2\times40.16=80.32\text{ mm/hr}$$

정답 ④

53 어떤 유역에 70 mm의 강우량이 그림과 같은 분포로 내렸을 때 유역의 직접유출량이 30 mm 이었다면 이 때의 ϕ-index는?

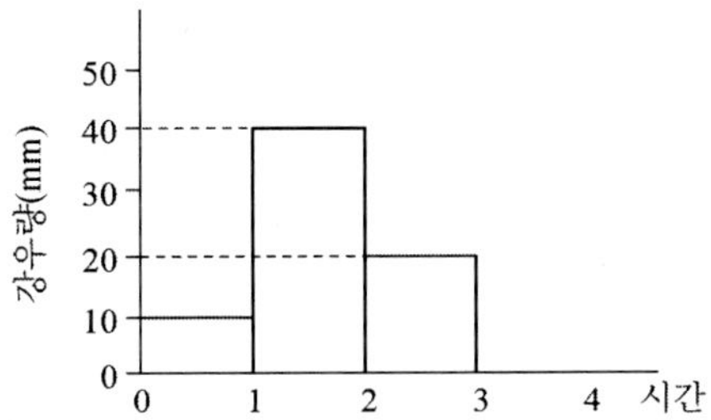

① 10 mm/hr ② 12.5 mm/hr ③ 15 mm/hr ④ 20 mm/hr

정답 ③

54 SCS방법(NRCS 유출곡선 번호방법)으로 초과강우량을 산정하여 유출량을 산정할 때에 대한 설명으로 옳지 않은 것은?

① 유역의 토지이용형태는 유효우량의 크기에 영향을 미친다.

② 유출곡선지수(runoff curve number)는 총우량으로부터 유효우량의 잠재력을 표시하는 지수이다.

③ 투수성 지역의 유출곡선지수는 불투성지역의 유출곡선지수보다 큰 값을 갖는다.

④ 선행토양함수조건(antecedent soil moisture condition)은 1년을 성수기와 비성수기로 나누어 각 경우에 대하여 3가지 조건으로 구분하고 있다.

정답 ③

55 어떤 계속된 호우에 있어서 총유효우량 $\sum R_e$(mm), 직접유출의 총량 $\sum Q_e$(m^3), 유역면적 A (km^2) 사이에 성립하는 식은?

① $\sum R_e = A \times \sum Q_e$

② $\sum R_e = \dfrac{10^3 \times A}{\sum Q_e}$

③ $\sum R_e = 10^3 \times A \times \sum Q_e$

④ $\sum R_e = \dfrac{\sum Q_e}{10^3 \times A}$

정답 ④

56 유출량 자료가 없는 경우에 유역의 토양특성과 식생피복상태 등에 대한 상세한 자료만으로도 총우량으로부터 유효우량을 산정할 수 있는 방법은?

① f-지표법　　② ϕ-지표법　　③ W-지표법　　④ SCS법

정답 ④

SCS 방법

미국 농무성의 토양보존국(soil conservation service, SCS)에서 제시한 것으로 직접유출량을 구하는 방법으로서 간단한 식을 제안하였다.

$$\frac{F}{S}=\frac{P_e}{P}$$

여기서 F는 시간 t에서 흙의 저류량(mm), S는 흙이 완전히 포화되기 위한 최대저류량(mm), P_e는 직접유출량에 해당되는 유효강우량(mm), P는 누가된 총강우량(mm)이다. 즉, 강우에 의한 직접유출량은 토양이 최대로 저류할 수 있는 양(S)과 실제로 토양 속으로 누가침투량 F의 함수이며 F는 강우량과 유효강우량의 차($F=P-P_e$)이다. 이 관계를 위 식에 대입하여 유효강우량에 대해 나타내면,

$$P_e=\frac{P^2}{P+S}$$

이다. 이 식은 강우 발생 초기부터 즉시 유출이 발생되는 경우의 유효강우량이다. 강우강도에 따라 다르지만 실제로 강우발생 초기에는 강우의 대부분이 침투되며 강우량이 침투량을 초과하는 시간이 지난 후에 유출이 발생된다. 그러므로 초기의 침투를 고려하면 P값에서 초기손실을 빼서 보정하는데, SCS는 경험자료에 근거하여 유출이 발생하기 이전의 초기손실 I_a를 흙의 최대저류량 S의 20%로 간주하여 $0.2S$를 적용하였다. P 대신 $P-I_a$를 적용하여 나타내면,

$$\frac{P_e(-0.2S)^2}{P+0.8S} \quad P\geq 0.2S, P_e=0, \quad P<0.2S$$

이때 초기손실은 지표면 굴곡에 의한 저류, 차단, 초기침투 등을 포함하며, 나머지 80%는 유출이 진행되면서 침투가 발생된다고 할 수 있다. 그러므로 S의 결정은 침투의 진행상태에 따라 다르며, 흙의 종류, 지표의 상태에 따라 다르기 때문에 이를 고려하여 SCS는 S(mm)를 구하는 방법을 다음과 같이 제안하였다.

$$S=\frac{25400}{CN}-254$$

CN은 Curve Number로서 흙의 종류와 지표의 상태에 따른 지표이다. CN 값을 결정하기 위해 고려될 사항은 흙의 종류, 토지의 사용 용도, 흙의 초기 함수상태이다.

57 다음 중 토양의 침투능(Infiltration Capacity) 결정 방법에 해당되지 않는 것은?

① 침투계에 의한 방법　　② 경험공식에 의한 방법
③ 침투지수에 의한 방법　　④ 물수지 원리에 의한 방법

풀이 출제의 의도에서 정답은 ④로 되어 있으나 ④는 물수지원리를 적용한 강우모의기에 의한 측정법이다. 이 방법은 물을 대상으로 연속방정식을 적용한 것이다. 침투율산정공식에는 경험공식으로 Horton 공식, Philip 공식, Green and Ampt 공식 등이 있다. 침투지수 방법에는 ϕ-지표법과 w-지표법이 있다. 엄격하게 살펴보면 정답은 없다.

정답 ④

침투량 측정방법

침투량을 산정하는 방법은 침투계를 이용하는 방법, 강우모의기에 의한 측정법, 수문곡선해석에 의한 방법이 있다. (1) 침투계(infiltrometer)를 이용하는 방법은 지름 25 cm와 35 cm의 원통을 지표면 아래 50 cm까지 설치한다. 원통 내에서 어떤 시간 동안에 수심이 일정하게 유지되도록 물을 공급하고 공급된 물의 양을 측정하여 침투량을 산정한다. 이때 일정한 수심은 안쪽의 원통이나 바깥쪽의 원통에서 유지되도록 하고 공급량의 측정은 안쪽 원통에서 실시한다. 이 방법은 설치나 이동이 간편하며 짧은 기간 동안에 여러 번 측정할 수 있다. (2) 강우모의기에 의한 측정법은 스프링클러를 이용하여 대상지역에 물을 분사한다. 다양한 방법을 통해서 물을 분사시킬 수 있으므로 여러 가지 강우에 대해 침투량을 측정할 수 있다. 대상지역에 연속방정식을 적용하여 산출하는 방법으로 유입량, 유출량, 저류량을 측정하여 산정한다. 이때 대상지역 밖으로 유출되는 지표면유출량을 측정할 수 있는 시설을 갖추어야 한다. 이 방법은 넓은 지역에 대해 측정할 수 있으나 현장에서 설치가 불편하다(물수지 원리에 의한 방법). (3) 수문곡선해석에 의한 방법은 어떤 소규모 유역에서 유출수문곡선과 강우 주상도를 이용하여 산정하는 방법이다. 이 유역에서 발생한 강우와 그 유출량 자료가 있어야 한다. 증발산량을 무시하고 강우량에서 유출량을 제거하여 침투량을 산정한다. 예를 들면 2시간 동안에 강우량이 12.0 mm가 내렸고 이 강우에 의해 유출량이 2.0 mm이었다면 침투율을 구하기 위해 강우강도는 12.0 mm/2hr = 6 mm/hr이고 유출률은 2.0 mm/2hr = 1.0 mm/hr이므로 침투율은 5.0 mm/hr가 된다. 이와 같이 몇 개의 강우에 대해 산정하여 평균 침투율을 계산한다.

58 다음 중 직접 유출량에 포함되는 것은?

① 지체지표하 유출량　　② 지하수 유출량
③ 기저유출량　　④ 조기지표하 유출량

정답 ④

59 강우강도를 I, 침투능을 f, 총 침투량을 F, 토양수분 미흡량을 D라 할 때, 지표유출은 발생하나 지하수위는 상승하지 않는 경우에 대한 조건식은?

① $I < f,\ F < D$ ② $I < f,\ F > D$
③ $I > f,\ F < D$ ④ $I > f,\ F < D$

풀이 지표유출이 발생하기 위해 $I > f$,
지하수위 상승하지 않기 위해 $F < D$

정답 ③

60 다음 중 유효강우량과 가장 관계가 깊은 유출량은?

① 지표하 유출량 ② 직접 유출량
③ 지표면 유출량 ④ 기저 유출량

풀이 직접유출량을 강수량으로 나타내면 유효강수량이고, 지표면 유출량을 강수량으로 나타내면 초과강수량이다.

정답 ②

초과강우량/유효강우량

강우량은 크게 초과강우량과 손실량으로 구분할 수 있다. 침투능력을 초과하여 발생된 지표면 유출량에 해당하는 강우를 초과강우(rainfall excess)라 하고, 직접유출에 해당하는 강우를 유효강우(effective rainfall)라 한다. 복류수 유출이 발생하지 않으면 초과강우와 유효강우의 값이 동일한 경우도 있으며 종종 초과강우과 유효강우를 동일한 용어로 사용하는 경우도 있다.

61 강우로 인한 유수가 그 유역 내의 가장 먼 지점으로부터 유역출구까지 도달하는데 소요되는 시간을 의미하는 것은?

① 기저시간 ② 도달시간
③ 지체시간 ④ 강우지속시간

풀이 도달시간(time of concentration)은 유역의 가장 먼 곳에서 내린 강우가 유출구 또는 관심의 대상지점까지 도달하는데 걸리는 시간을 말한다.

정답 ②

62 "일반적으로 우수 도달시간이 긴 경우 첨두유량은 시간적으로 (　　　) 나타나고 그 크기는 (　　　)." (　　　) 안에 들어갈 알맞은 말이 순서대로 바르게 짝지어진 것은?

① 일찍, 크다　　② 늦게, 크다

③ 일찍, 작다　　④ 늦게, 작다

정답 ④

도달시간

도달시간(time of concentration)은 유역의 가장 먼 곳에서 내린 강우가 유출구 또는 관심의 대상지점까지 도달하는데 걸리는 시간을 말한다. 도달시간은 유역의 모든 지점이 유출에 기여하기 시작된다는 의미이다. 지속기간이 도달시간 보다 짧으면 유역면적의 일부분만이 유출에 기여하게 되므로 유역면적 전체가 유출에 기여하기 위해서 가장 짧은 지속기간이 도달시간과 같아야 한다.

하천이나 우수 관거 설계에서 도달시간 t_c는 최원점에서 하천 또는 관거 유입구까지 걸린 유입시간(inlet time) t_i와 하천 또는 관거 내의 유하시간 t_f(flow time)의 합으로 결정된다.

$$t_c = t_i + t_f$$

63 유출에 대한 설명 중 틀린 것은?

① 직접유출은 강수 후 비교적 단시간 내에 하천으로 흘러들어가는 부분을 말한다.

② 지표유하수(overland flow)가 하천에 도달한 후 다른 성분의 유출수와 합친 유수를 총 유출수라 한다.

③ 총 유출은 통상 직접유출과 기저유출로 분류된다.

④ 지하유출은 토양을 침투한 물이 지하수를 형성하는 것으로 총 유출량에는 고려되지 않는다.

정답 ④

64 유출(runoff)에 대한 설명으로 옳지 않은 것은?

① 비가 오기 전의 유출을 기저유출이라 한다.

② 우량은 별도의 손실 없이 그 전량이 하천으로 유출된다.

③ 일정기간에 하천으로 유출되는 수량의 합을 유출량이라 한다.

④ 유출량과 그 기간의 강수량과의 비(比)를 유출계수 또는 유출률이라 한다.

정답 ②

65 유출(流出)에 대한 설명으로 옳지 않은 것은?

① 총유출은 통상 직접유출(direct run off)과 기저유출(base flow)로 분류된다.
② 하천에 도달하기 전에 지표면 위로 흐르는 유수를 지표유하수(overland flow)라 한다.
③ 하천에 도달한 후 다른 성분의 유출수와 합친 유수량을 총 유출수(total flow)라 한다.
④ 지하수유출은 토양을 침투한 물이 침투하여 지하수를 형성하나 총 유출량에는 고려하지 않는다.

정답 ④

66 다음 설명 중 기저유출에 해당되는 것은?

• 유출은 유수의 생기원천에 따라 (A)지표면 유출, (B)지표하(중간) 유출, (C)지하수 유출로 분류되면, 지표하 유출은 (B_1)조기 지표하 유출(prompt subsurface runoff), (B_2)지연 지표하 유출(delayed subsurface runoff)로 구성된다.
• 또한 실용적인 유출해석을 위해 하천수로를 통한 총 유출은 직접유출과 기저유출로 분류된다.

① (A) + (B) + (C)　　② (B) + (C)
③ (A) + (B_1)　　④ (C) + (B_2)

정답 ④

유출 구성

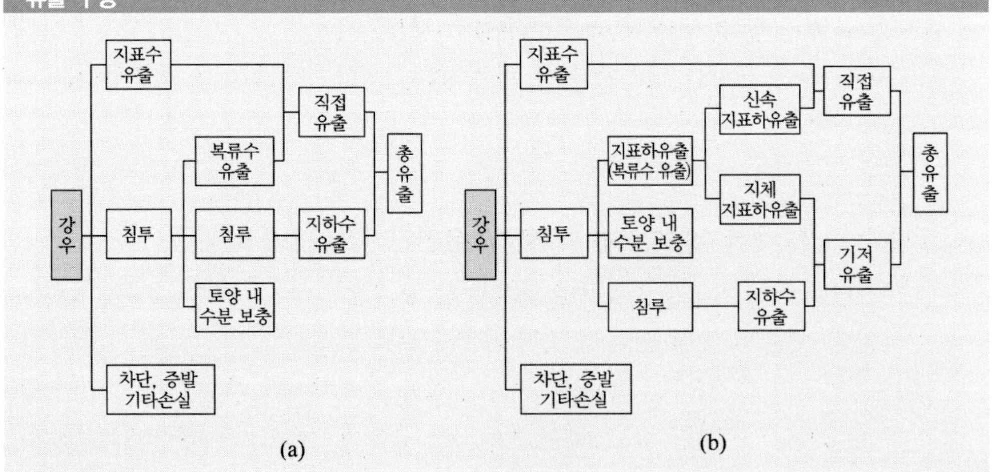

67 수문곡선에 대한 설명으로 옳지 않은 것은?

① 하천유로상의 임의의 한 점에서 수문량의 시간에 대한 관계곡선이다.

② 초기에는 지하수에 의한 기저유출만이 하천에 존재한다.

③ 시간이 경과함에 따라 지수분포형의 감수곡선이 된다.

④ 표면유출은 점차적으로 수문곡선을 하강시키게 된다.

정답 ④

수문곡선

유출수문곡선은 유역의 출구지점, 또는 하천의 특정한 대상지점에서 시간에 따른 유량의 변화를 나타낸 그래프를 말한다. 수위를 시간에 따라 나타낸 그래프를 수위수문곡선이라 부른다. 일반적으로 수문곡선이란 유량수문곡선을 의미한다. 총유출량은 수문곡선의 면적과 같다.

수문곡선은 유역의 출구나 특정 하천 단면에서 시간에 따른 유량의 변화를 나타낸 그림으로서 그 유량은 직접유출과 기저유출로 구성되어 있다. 기저유출은 장기간 지속되는 지하수유출과 지체 복류수유출이며 신속 복류수유출은 단기간에 걸친 직접유출에 포함된다. 강우와 지형의 조건에 따라 수문곡선의 형태는 다양하게 나타나며 전형적인 수문곡선의 형태는 그림과 같다.

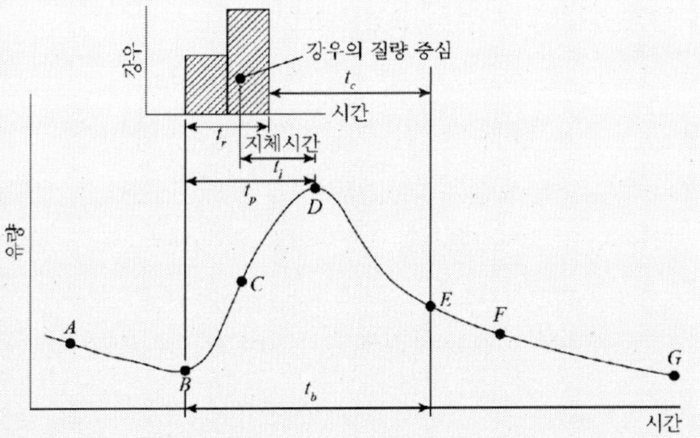

수문곡선 용어 설명

- 지체시간(lag time) t_l : 강우의 질량 중심에서 유출수문곡선의 첨두 발생 지점까지의 시간
- 첨두 발생 시간(peak time) t_p : 강우 시작부터 첨두유량 발생까지의 시간
- 도달시간(concentration time) t_c : 강우가 종료된 이후부터 지표면유출이 중지된(변곡점 E) 곳까지의 시간, 혹은 유역 내에서 가장 먼 곳에서부터 출구지점까지 물의 유하시간
- 기저시간(base time) t_b : 수문곡선의 상승부분부터 지표면유출이 끝나는 지점까지의 시간이므로 도달시간(t_c)과 강우 지속시간(t_r)의 합으로 나타낸다. 혹은 직접유출이 끝나는 시간까지로 사용하는 경우도 있다.

68 시간 매개변수에 대한 정의 중 틀린 것은?

① 첨두시간은 수문곡선의 상승부 변곡점부터 첨두유량이 발생하는 시각까지의 시간차이다.
② 지체시간은 유효우량주상도의 중심에서 첨두유량이 발생하는 시각까지의 시간차이다.
③ 도달시간은 유효유량이 끝나는 시각에서 수문곡선의 감수부 변곡점까지의 시간차이다.
④ 기저시간은 직접유출이 시작되는 시각에서 끝나는 시각까지의 시간차이다.

정답 ①

69 단순 수문곡선의 분리방법이 아닌 것은?

① N-day 법
② S-curve 법
③ 수평직선 분리법
④ 지하수 감수곡선법

풀이 S-curve 법은 단위유량도 지속시간 변경하는 방법이다.

정답 ②

70 유출(runoff)에 대한 설명으로 옳지 않은 것은?

① 비가 오기 전의 유출을 기저유출이라 한다.
② 우량은 별도의 손실 없이 그 전량이 하천으로 유출된다.
③ 일정기간에 하천으로 유출되는 수량의 합을 유출량이라 한다.
④ 유출량과 그 기간의 강수량과의 비(比)를 유출계수 또는 유출률이라 한다.

풀이 강우량에서 손실우량을 제외한 유량에 의해 유출해석을 수행한다.

정답 ②

71 단위유량도 작성시 필요없는 사항은?

① 직접유출량
② 우효우량의 지속시간
③ 유역면적
④ 투수계수

정답 ④

72 다음 중 단위유량도 이론에서 사용하고 있는 기본가정이 아닌 것은?

① 일정 기저시간 가정 ② 비례가정

③ 푸아송 분포 가정 ④ 중첩가정

정답 ③

수문곡선 분리

수문곡선에 나타난 유량은 유역의 출구, 혹은 관측지점의 총유출량이며, 이를 해당강우에 의한 직접유출과 토양보유수 공급에 의한 기저유출로 구분하는 것을 수문곡선 분리라 한다. 수문곡선 분리를 통해 구한 직접유출량은 유출량의 예측에 사용될 단위유량도 유도에 적용된다. 수문곡선의 분리 방법에는 주 지하수 감수곡선법(master groundwater depletion curve method), N-day 방법, 수평직선 분리법 등이 있다. 홍수 시에 총유출에서 기저유출이 차지하는 부분이 상대적으로 작기 때문에 직접유출량산정에서 수문곡선 분리방법의 차이에 따른 오차는 미미한 것으로 알려져 있다.

단위유량도

수문곡선에 영향을 주는 요인을 크게 지형인자와 기상인자로 구분한다. 어떤 유역에 동일한 강우가 2번 발생하였다면(또는 지형인자가 동일한 두 유역에 동일한 강우가 발생하였다면), 이 강우들에 의한 유출수문곡선은 동일하다는 단위유량도 개념이 Sherman에 의해 제안되었는데 이는 유역의 특성을 고려한 것이다. 유역에 지속기간이 t_r인 1cm의 유효강우량이 균일한 강도로 유역전체에 균등하게 발생하였을 때 이로 인한 직접유출수문곡선을 단위유량도(unit hydrograph)라 한다. 일반적으로 수문곡선아래의 면적은 유역으로부터 발생된 유출용적을 의미한다. 그러므로 단위유량도의 아래 면적은 유역에 유효강우량이 1cm 발생하였을 때 유출용적과 같다.

단위유량도의 기본가정

- 일정한 기저시간(base time) : 유효강우의 지속기간이 같으면 강우강도에 관계없이 기저시간이 같다는 의미이다.
- 유역의 선형성(비례와 중첩 가정) : 유효강우의 지속시간이 동일하고 강우강도가 2배, 3배이면 수문곡선의 종거도 2배, 3배로 된다.
- 강우의 시간적·공간적 균일성 : 단위유량도의 지속기간 동안에 유효강우량의 강도는 시간적으로 균일하고 유역에 대해서도 공간적으로 균일하다는 가정이다.

73 단위유량도(Unit hydrograph)를 작성함에 있어서 기본 가정에 해당되지 않는 것은?

① 비례가정　　② 중첩가정
③ 직접 유출의 가정　　④ 일정 기저시간의 가정

정답 ③

74 단위도(Unit Hydrograph)에 관한 설명으로 옳지 않은 것은?

① 어느 유역에 지속시간 t의 유효우량이 1 cm 또는 1 inch 내렸을 때의 직접유출 수문곡선이다.
② 단위도 작성시 필요한 기본가정은 일정기저시간 가정, 비례가정, 중첩가정이다.
③ 장시간 지속시간의 단일 호우사상을 선택하여 대유역 면적에 적용할 때에 정확한 결과를 얻을 수 있다.
④ 단위도 작성에는 직접유출량, 강우지속시간, 유역면적 등이 필요하다.

정답 ③

75 단위유량도 이론의 기본가정에 충실한 호우사상을 선별하여 분석하기 위해 선별시 고려해야 할 사항으로 적당하지 않은 것은?

① 가급적 단순호우사상을 택한다.
② 강우지속기간 동안 강우강도의 변화가 가급적 큰 분포를 택한다.
③ 유역 전반에 걸쳐 강우의 공간적 분포가 가급적 균일한 것을 택한다.
④ 강우의 지속기간이 비교적 짧은 호우사상을 택한다.

정답 ②

단위유량도 유도

어떤 유역에 단위유량도를 유도하기 위해서 강우량 자료와 이 강우로부터 발생된 유출량 자료가 동시에 필요하다. 단위유량도를 유도하기 위해 단위유량도의 기본개념과 가정사항에 적합한 자료를 선택한다.

① 강우는 가능한 시간과 공간적으로 균일하게 발생된 단일 강우사상을 선택한다.
② 유효강우량의 지속기간은 수문곡선에서 첨두시간의 10~30% 이내인 것을 선택한다.
③ 유효강우량(직접유출량)은 1 cm 또는 그 보다 같거나 큰 것을 선택한다.
④ 자료가 풍부한 경우에 가능한 지속기간이 비슷한 여러 개의 단위유량도를 구하여 평균하는 것이 바람직하다.
⑤ 평균 단위유량도는 면적이 1이 되도록 작성하고 비교적 미끈한 수문곡선의 형태가 되도록 조정한다.

76 단위유량도에 대한 설명 중 틀린 것은?

① 일정기저시간가정, 비례가정, 중첩가정은 단위도의 3대 기본가정이다.

② 단위도의 정의에서 특정 단위시간은 1시간을 의미한다.

③ 단위도의 정의에서 단위 유효우량은 유역 전 면적 상의 등가우량 깊이로 측정되는 특정량의 우량을 의미한다.

④ 단위 유효우량은 유출량의 형태로 단위도 상에 표시되며, 단위도 아래의 면적은 부피의 차원을 가진다.

풀이 유효강우의 지속기간이 같으면 강우강도에 관계없이 기저시간이 같다. 유도된 단위유량도의 지속시간은 유효강우의 지속시간과 같다는 의미이다.

정답 ②

단위유량도 지속시간과 변경

유효강우의 지속기간이 같으면 강우강도에 관계없이 기저시간이 같다. 기저시간은 수문곡선에서 상승부가 시작되는 지점에서 직접유출이 끝나는 지점까지이다. 강우강도에 관계없이 지속시간이 동일하면 기저시간뿐만 아니라 첨두유량의 발생 시간, 감수시간 등이 동일하다고 가정한 것이다. 실제로는 강우 발생 이전(선행강우)의 유역 상태에 따라 기저시간은 달라질 수 있다(일정한 기저시간).

예를 들어, 어느 유역에서 지속기간이 1시간인 단위유량도가 있다. 동일 유역에서 지속시간이 2시간인 단위유량도가 필요한 경우에 중첩의 원리를 적용하여 해결할 수 있다. 1시간 단위유량도를 1시간 지체시킨 후에 2개의 단위도의 세로좌표를 합성하고 이의 면적을 1로 하기 위해 세로좌표에 1/2을 곱하면 지속시간이 2시간인 단위유량도를 구할 수 있다. 이 방법을 정수배 방법이라고도 한다. 그리고 지속시간이 t_r인 단위유량도를 t_r시간만큼 계속 지체시켜 합하면 그림 7.13과 같은 S곡선을 얻을 수 있다. S곡선을 다시 원하는 지속시간 t만큼 지체시킨 후에 그림에서처럼 곡선 A에서 곡선 B의 차이를 구하고, 그 차이 값에 t_r/t를 곱하면 지속시간 t인 단위유량도를 구할 수 있다.

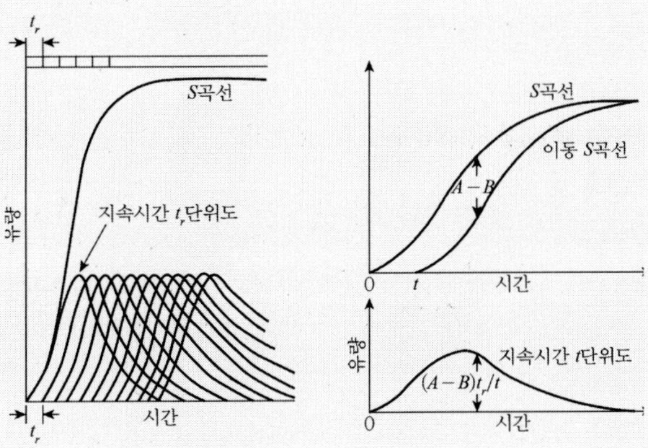

77 10 mm단위도의 종거가 0, 20, 8, 3, 0[m^3/s]이고 유효강우량이 20 mm, 10 mm 일 경우에 첨두유량[m^3/s]은? (단, 단위시간은 2시간이다.)

① 20　② 34　③ 40　④ 42

풀이

시간	유효강우량 20 mm (1)	유효강우량 10 mm (2)	합 m^3/s
0	0		0
2	40	0	40
4	16	20	36
6	6	8	14
8	0	3	3
10		0	0

(1)란은 주어진 10 mm 단위도의 종거 2배이고, (2)란은 2시간 지체하여 10 mm 단위도의 유량이다. 이를 합하면, 시간 2에서 첨두유량은 40 m^3/s이다.

정답 ③

78 S-curve와 가장 관계가 먼 곳은?

① 단위도의 지속시간　② 평형유출량
③ 등우선도　④ 직접유출수문곡선

정답 ③

79 지속기간이 2 hr인 어느 단위유량도의 기저시간이 10 hr이다. 강우강도가 각각 2.0, 3.0 및 5.0 cm/hr이고 강우지속기간은 똑같이 모두 2 hr인 3개의 유효강우가 연속해서 내릴 경우 이로 인한 직접유출수문곡선의 기저시간은?

① 2 hr　② 10 hr　③ 14 hr　④ 16 hr

풀이 3개의 유효강우가 발생되었으므로 2시간씩 좌로 이동하면 10+2+2 = 14시간이 된다.

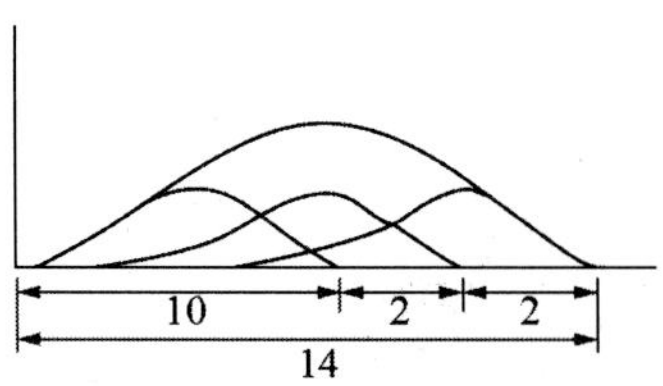

정답 ③

80 다음과 같은 1시간 단위도로부터 3시간 단위도를 유도하였을 경우, 3시간 단위도의 최대종거는 얼마인가?

시간(hr)	0	1	2	3	4	5	6
1 hr단위도 종거(m^3/s)	0	2	8	10	6	3	0

① $3.3m^3/s$　② $8.0m^3/s$　③ $10.0m^3/s$　④ $24.0m^3/s$

풀이

시간(hr)	0	1	2	3	4	5	6	7	8
1 hr단위도 종거(m^3/s)	0	2	8	10	6	3	0		
1 hr 지체		0	2	8	10	6	3	0	
1 hr 지체			0	2	8	10	6	3	0
합	0	2	10	20	24	19	9	3	0
3 hr단위도 종거(m^3/s)	0.0	0.6	3.3	6.7	8.0	6.3	3.0	1.0	0.0

정답 ②

81 단위유량도 이론의 가정에 대한 설명으로 옳지 않은 것은?

① 초과강우는 유효지속기간 동안에 일정한 강도를 가진다.

② 초과강우는 전 유역에 걸쳐서 균등하게 분포된다.

③ 주어진 지속기간의 초과강우로부터 발생된 직접유출수문곡선의 기저시간은 일정하다.

④ 동일한 기저시간을 가진 모든 직접유출수문곡선의 종거들은 각 수문곡선에 의하여 주어진 총 직접유출수문곡선에 반비례한다.

풀이 동일한 기저시간을 가진 모든 직접유출수문곡선의 종거들은 각 수문곡선에 의하여 주어진 총 직접유출수문곡선에 <u>비례</u>한다.

정답 ④

82 다음 중 Snyder 방법에 의한 단위유량도합성 방법의 결정 요소(매계변수)와 거리가 먼 것은?

① 유역의 지체시간　② 첨두유량

③ 유효우량의 주상도　④ 단위도의 기저폭

정답 ③

83 단위도(단위유량도)에 대한 설명으로 옳지 않은 것은?

① 단위도의 3가지 가정은 일정기저시간 가정, 비례 가정, 중첩 가정이다.

② 단위도는 기저유량과 직접유출량을 포함하는 수문곡선이다.

③ S-Curve를 이용하여 단위도의 단위시간을 변경할 수 있다.

④ Snyder는 합성단위도법을 연구 발표하였다.

풀이 총유출량에서 기저유량을 제거한 직접유출량에 해당하는 수문곡선을 이용하여 단위도를 유도한다.

정답 ②

84 미계측 유역에 대한 단위유량도의 합성방법이 아닌 것은?

① SCS 방법 ② Clark 방법

③ Horton 방법 ④ Snyder 방법

풀이 Horton 방법은 침투율 산정공식과 차단에 의한 손실량을 추정하는 방법이 있다.

정답 ③

순간단위유량도

단위유량도의 지속시간은 이에 해당하는 유효강우의 지속시간과 동일하다. 만일 지속시간이 0이고 유효강우량이 1 cm인 가상의 강우에 대한 단위유량도를 순간단위유량도(IUH)라 한다. 실제로 이런 강우는 없지만 수문곡선 해석에 사용하기 위한 가상의 개념으로서 편리하게 이용된다. 단위유량도의 변수를 결정하는 기저시간 t_b(=지속시간 t_r +도달시간 t_c)에서 강우의 지속기간을 0으로 간주하기 때문에 도달시간이 기저시간이 된다.

단위유량도 합성

단위유량도를 통해서 설계홍수량을 결정하는 방법은 적용상에 제한이 있으나 간편성과 정확성이 있어 많이 사용된다. 설계홍수 수문곡선을 구하려면 단위유량도가 필요하고, 단위유량도는 강우와 유량의 실측자료가 있어야 되지만, 실제 중소하천에서는 계측유역보다 미계측유역이 많으므로 이런 유역에서는 단위유량도를 직접 구할 수 없다. 실제 수문곡선은 지형인자와 기후인자의 영향을 받지만 기후특성이 유사한 지역에서 단위유량도를 지형인자만의 함수로 그 관계를 설정하여 결정할 수도 있다. 즉, 일반 지형도로부터 쉽게 구할 수 있는 물리적인 특성인 지형인자(유역의 형태, 크기, 경사, 하천의 길이, 경사 등)와 단위유량도의 각 특성(첨두유량, 첨두발생 시간, 기저시간 등) 간의 관계식을 이용하여 미계측지역에서 단위유량도를 결정할 수 있다. 이와 같이 미계측유역의 단위유량도를 결정하는 것을 합성단위유량도 또는 단위유량도 합성이라고 한다. 단위유량도 합성방법으로 Snyder 방법과 SCS의 무차원단위도 방법 등이 있다.

85 합성 단위유량도의 모양을 결정하는 인자가 아닌 것은?

① 기저시간 ② 첨두유량 ③ 지체시간 ④ 강우강도

정답 ④

86 합성단위 유량도(synthetic unit hydrograph) 작성법이 아닌 것은?

① Snyder 방법
② SCS의 무차원 단위유량도 이용법
③ Nakayasu 방법
④ 순간 단위유량도법

정답 ④

87 면적이 10 km²의 지역에 4시간에 10 mm의 강우강도로 무한히 내릴 때 평형유출량은 약 얼마인가?

① $10.72\ m^3/sec$ ② $9.26\ m^3/sec$ ③ $8.94\ m^3/sec$ ④ $6.94\ m^3/sec$

풀이 $10\ km^2 = 10{,}000{,}000\ m^2$,

$10\ mm = 10/1000\ m$,

$4\ hr = 4\times60\times60 = 14400\ sec$

유량 $= 10{,}000{,}000\ m^2 \times 10/1000\ m/14400\ sec$

$= 6.9\ 4m^3/sec$

정답 ④

88 신도시에 위치한 택지조성지구의 우수배제를 위하여 우수거를 설계하고자 한다. 신도시에서 재현기간 10년의 강우강도식이 $I = \dfrac{6{,}000}{t+40}$ (t : 분)일 때 합리식에 의한 설계유량은? (단, 유역의 평균유출계수는 0.5, 유역면적은 1 km², 우수도달시간은 20분)

① $4.6\ m^3/s$ ② $13.9\ m^3/s$ ③ $16.7\ m^3/s$ ④ $20.8\ m^3/s$

풀이 $Q_p = \dfrac{1}{3.6} CIA$,

$$I = \frac{6{,}000}{t+40} = \frac{6000}{20+40} = 100\ mm/hr$$

$$Q_p = \frac{1}{3.6}(0.5)(100)(1) = 13.9\ m^3/s$$

정답 ②

합리식

소유역의 유출해석에는 간단한 합리식이 이용된다. 소유역은 약 2.5 km^2보다 작거나 도달시간이 1시간 이내인 경우에 해당된다. 강우 지속시간은 도달시간보다 길어야 되며 유출은 주로 지표면유출이며 유역 내의 저류가 없는 것으로 가정한다. 합리식은 첨두홍수량을 구하는 식으로 1889년 미국의 Kuichling에 의해 제안되었다. 이 식의 의미를 설명하면 상류유역 면적이 1 km^2인 지점에서 1시간 동안에 1mm의 유효강우가 발생하였을 때 1시간 동안에 전부 유출된다면 그 유출량은,

$$q_c = 1/3.6(m^3/sec) = \frac{10^{-3}m \times 10^6 m^2}{3,600sec}$$

이다. 유역면적이 $A(km^2)$이고 강우강도가 $I(mm/hr)$일 때 첨두유량은,

$$Q_p = \frac{1}{3.6} IA$$

이다. 여기서 $1/3.6 = 0.2778$은 단위환산계수이다. 실제 강우가 발생하면 일부는 증발산, 혹은 저류, 차단 등에 의해 손실 등이 발생된다. 이를 고려하여 유출계수 C(0과 1 사이 값)를 적용시켜 나타낼 수 있다.

$$Q_p = \frac{1}{3.6} CIA$$

여기서 유량 $Q(m^3/s)$, $I(mm/hr)$, $A(km^2)$이다. 이 식을 합리식이라 한다.

89 유역면적이 25 km^2이고, 1시간에 내린 강우량이 120 mm일 때 하천의 유출량이 360 m^3/s이면 이 지역에 대한 합리식의 유출계수는?

① 0.32 ② 0.43 ③ 0.56 ④ 0.72

풀이 $Q_p = \frac{1}{3.6} CIA$에서 $360 = \frac{1}{3.6} C(120)(25)$이다.

C를 계산하면 0.43이다.

정답 ②

90 자연하천에서 수위-유량관계곡선이 loop형을 이루게 되는 이유가 아닌 것은?

① 배수 및 저수효과 ② 하도의 인공적 변화

③ 홍수 시 수위의 급변화 ④ 조류발생

정답 ④

91 그림에서와 같이 130 m 250 m의 주차장이 있다. 주차장 중앙으로 우수거가 설치되어 있으며 이 우수거를 통한 도달시간은 5분이며 지표흐름(overland flow)으로 인하여 우수거에 수직으로 도달하는 도달시간(예로 B에서 C까지)은 15분이라 한다. 만일 50 mm/hr의 강도를 가진 강우가 5분간만 내렸다고 할 때 A점에서의 첨두 유량은? (단, 주차장의 유출계수는 0.85라 한다.)

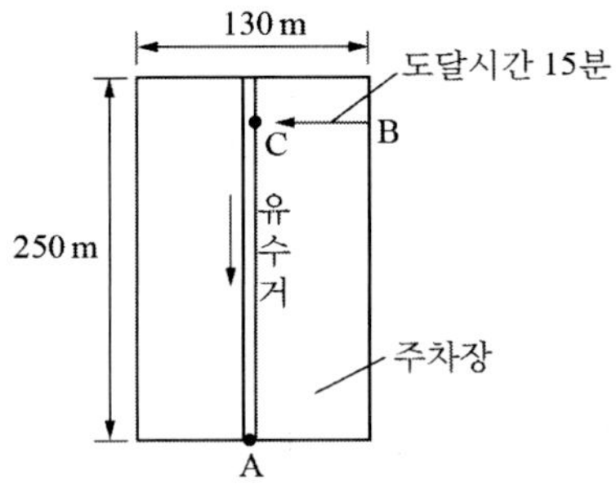

① 3.837 m^3/s　　② 0.387 m^3/s　　③ 0.128 m^3/s　　④ 0.0320 m^3/s

풀이

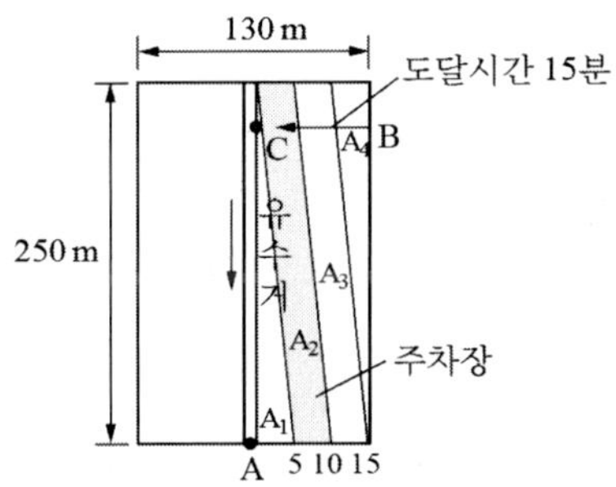

그림에 등유하시간선을 5분 간격으로 그렸다. 문제에서 강우지속시간이 5분이므로,

① 0~5분에 면적 A_1에 내린 강우 유출

② 5~10분에 면적 A_2에 내린 강우 유출

③ 10~15분에 면적 A_3에 내린 강우 유출

④ 15~20분에 면적 A_4에 내린 강우 유출

5분 간 내린 강우는 20분이면 모두 유출한다.

문제에서 최대유출량을 구하는 문제이므로 면적이 최대일 때이다. 즉, A_2와 A_3는 동일한 면적이며 이 때 최대 유출량이다.

$$Q_p = 0.2778CIA$$

$$= 0.2778 \times 0.85 \times 50 \times \left(\frac{130}{3} \times 250 \times \frac{1}{1000 \times 1000}\right)$$

$$= 0.128 \text{ m}^3/\text{s}$$

정답 ③

92 유역면적이 4 km^{2}이고 유출계수가 0.8인 산지하천에서 강우강도가 80 mm/hr이다. 합리식을 사용한 유역출구에서이 첨두홍수량은?

① 35.5 m^3/s　② 71.1 m^3/s　③ 128 m^3/s　④ 256 m^3/s

풀이 $Q_p = 0.2778\,\text{CIA}$,

$$I = \frac{6,000}{t+40} = \frac{6000}{20+40} = 100\ \text{mm/hr}$$

$$Q_p = 0.2778(0.8)(80)(4) = 71.1\ \text{m}^3/\text{s}$$

정답 ②

93 유역면적이 20 km^2 지역에서 수공구조물의 축조를 위해 다음 아래의 수문곡선을 얻었을 때, 총 유출량은?

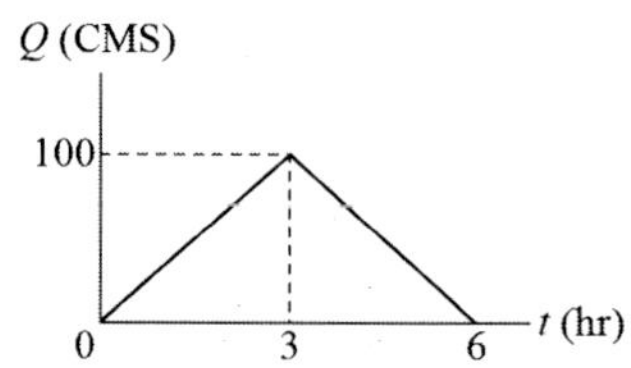

① 108 m^3　② 108×10^4 m^3　③ 300 m^3　④ 300×10^4 m^3

풀이 수문곡선이 주어졌을 때 총유출량은 수문곡선 면적과 같다. 여기서 CMS는 Cubic Meter per Second로서 m^3/s이다. 단위를 고려하여 면적을 계산하면 편리하다.

$$\frac{1}{2} \times 100\ \text{m}^3/\text{s} \times 6\ \text{hr}$$

$$= \frac{1}{2} \times 100\ \text{m}^3/\text{s} \times 6(60)(60)\ \text{s}$$

$$= 108 \times 10^4\ \text{m}^3$$

정답 ②

94 수위-유량 관계곡선의 연장 방법이 아닌 것은?

① 전 대수지법　② Stevens 방법
③ Manning 공식에 의한 방법　④ 유량 빈도 곡선법

정답 ④

95 배수면적이 500 ha, 유출계수가 0.70인 어느 유역에 연평균강우량이 1300 mm 내렸다. 이때 유역 내에서 발생한 최대유출량은?

① 0.1443 m^3/s ② 12.64 m^3/s ③ 14.43 m^3/s ④ 1264 m^3/s

풀이 강우강도 $I = 1300\ mm/yr = 1300\ mm/(365 \times 24)\ hr = 0.1484\ mm/hr$

면적 $500\ ha = 5\ km^2$

$Q_p = 0.2778\ CIA = 0.2778 \times 0.7 \times 0.1484 \times 5 = 0.1443\ m^3/s$

정답 ①

96 합리식에 관한 설명으로 틀린 것은?

① 첨두유량을 계산할 수 있다.
② 강우강도를 고려할 필요가 없다.
③ 도시와 농촌지역에 적용할 수 있다.
④ 유출계수는 유역의 특성에 따라 다르다.

풀이 합리식은 소규모 유역에서 최대유출량을 산정하는 공식이다. $Q_p = 0.2778\ CIA$, 여기서 Q_p는 m^3/s, C는 유출계수(무차원), I는 강우강도 mm/hr, A는 유역면적 km^2이다.

정답 ①

97 유역면적이 15 km^2이고 1시간에 내린 강우량이 150 mm일 때 하천의 유출량이 350 m^3/s이면 유출률은?

① 0.56 ② 0.65 ③ 0.72 ④ 0.78

풀이 유역에 내린 총강우량의 부피는,

$15(1000)(1000)\ m^2 \times (150/1000)m = 2250000\ m^3$

1시간 동안의 유출량은 $350 \times 60 \times 60 = 1260000\ m^3$

유출률은 $= \frac{1260000}{2250000} = 0.56$

정답 ①

98 하천유출에서 rating curve는 어느 것에 관련된 것인가?

① 수위 - 시간 ② 수위 - 유량
③ 수위 - 단면적 ④ 수위 - 유속

정답 ②

99 대규모 홍수가 발생할 경우 점유속의 측정에 의한 첨두홍수량의 산정은 큰 하천에서 실질적으로 불가능한 경우가 많아 간접적인 방법으로 추정하여야 한다. 이러한 방법으로 가장 많이 사용되는 것은?

① 경사-면적방법(slope-area method)
② SCS 방법(Soil Conservation Service)
③ DAD 해석법
④ 누가 우량 곡선법

정답 ①

수위-유량 관계곡선

하천에서 유량 측정은 상당한 시간과 노력이 필요하며 홍수 시에 유량측정은 더욱 어렵고 시간별 수위변화가 커서 신속하게 측정해야 한다. 연속적인 유량을 측정할 수 없기 때문에 사전에 수위에 따른 유량을 측정하여 수위는 세로좌표에, 유량은 가로좌표에 표시한 수위-유량곡선(rating curve)을 작성하여 이용한다. 하천에서 흐름이 정상류이면 수위-유량곡선을 간단한 식으로 나타낼 수 있지만 비정상류인 경우에 수면경사에 따라 수위-유량관계가 다르다. 그림은 홍수파에 의해 수위가 상승할 때와 하강할 때 수위-유량 관계를 보인 것인데 하나의 수위에 대해 수면경사에 따라 2개의 유량이 존재함을 알 수 있다. 수위가 상승할 때 유량이 크고 하강할 때 유량이 적음을 알 수 있다.

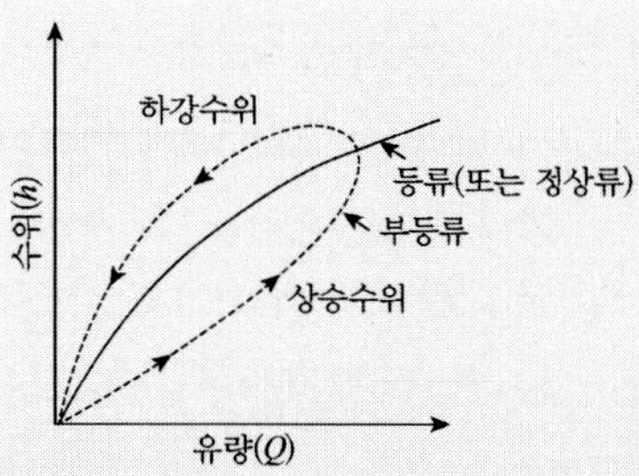

수위-유량관계곡선식은 측정된 수위 범위 내에서 적용 가능하다. 측정범위 이상이나 이하에서는 수위-유량관계곡선을 적용하기 위해서 유의해야 한다. 곡선을 연장하는 방법에는 전대수지법, Stevens 방법, 경사-면적방법, 유속-면적법 등이 있다.

100 수문자료의 해석에 사용되는 확률분포형의 매개변수를 추정하는 방법이 아닌 것은?

① 모멘트법(method of moments)
② 회선적분법(convolution integral method)
③ 확률가중모멘트법(method of probability weighted moments)
④ 최우도법(method of maximum likelihood)

정답 ②

101 유역의 평균 폭 B, 유역면적 A, 본류의 유로연장 L인 유역의 형상을 양적으로 표시하기 위한 유역형상계수는?

① $\frac{A}{L}$ ② $\frac{A}{L^2}$ ③ $\frac{B}{L}$ ④ $\frac{B}{L^2}$

풀이 유역평균폭 $B=\frac{A}{L}$

형상계수 $F=\frac{B}{L}=\frac{A}{L^2}$

정답 ②

유역형상계수

Horton은 유역의 형상을 양적으로 표시하기 위해 유역의 형상계수 F를 제시하였다.

$$F=B/L=A/L^2$$

여기서 $B=A/L$이고, A는 유역면적, L은 본류의 유로연장, B를 유역의 평균폭이다. 일반적으로 유역 형상계수가 크면 길이에 비해 유역면적이 큰 경우이므로 폭이 넓은 유역이며, 반대로 작으면 유역의 폭이 좁고 긴 하천이 존재하는 유역을 의미한다.

102 유역면적이 0.2 km²인 어느 유역에 강우가 20 mm/30 min로 지속적으로 내렸을 때 유역출구에서의 관측된 첨두유출량이 1 m³/s이었다면 이 유역의 유출계수는? (단, 합리식으로 계산할 것)

① 0.15 ② 0.25 ③ 0.35 ④ 0.45

풀이 $Q_p=0.2778\,CIA$에서 강우강도의 단위를 mm/hr로 변환하여 대입한다. 합리식을 사용할 때 단위를 주의하시오. 강우강도는,

$\frac{20\text{ mm}}{30\text{ min}}=40\text{ mm/hr}$이다.

$1=0.2778\times C\times 40\times 0.2$

$C=0.45$

정답 ④

103 저수위(L.W.L)란 1년을 통해서 며칠 동안 이보다 저하하지 않는 수위를 말하는가?

① 90일 ② 185일 ③ 200일 ④ 275일

정답 ④

빈도해석과정

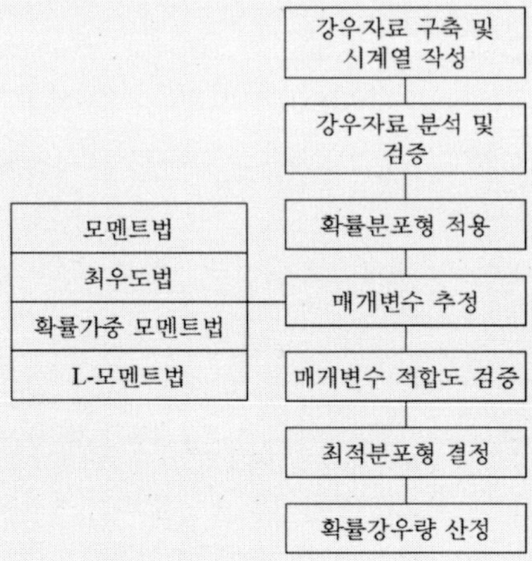

하천 유량 구분

갈수량 : 하천 수위에서 1년을 통하여 355일간 이보다 더 내려가지 않는 수위(갈수위), 1년 중 10일간은 유지할 수 있는 수위로서 심한 가뭄을 의미한다.

저수량 : 하천 수위에서 1년을 통하여 275일간 이보다 더 내려가지 않는 수위(저수위)

평수량 : 하천 수위에서 1년을 통하여 185일간 이보다 더 내려가지 않는 수위(평수위)

풍수량 : 하천 수위에서 1년을 통하여 95일간 이보다 더 내려가지 않는 수위(풍수위)

한 지역의 유량을 갈수량, 저수량, 평수량, 풍수량으로 구분하여 하천의 기본계획과 설계에 이용한다.

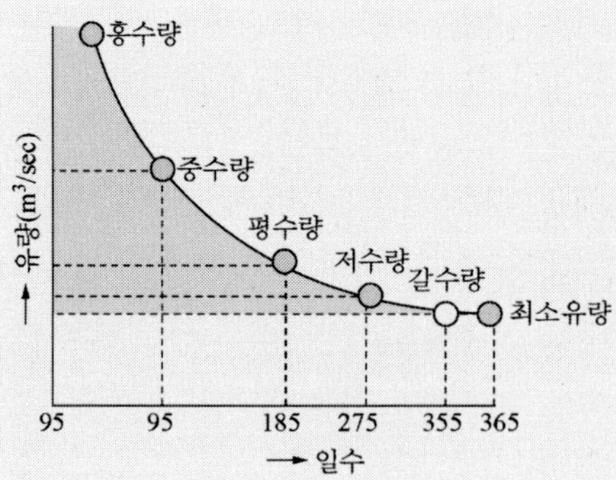

104 다음 설명 중 옳지 않은 것은?

① 자연하천에서 대부분 동일 수위에 대한 수위 상승시와 하강시의 유량이 다르다.
② 수위-유량 관계곡선의 연장방법인 Stevens법은 Chezy의 유속공식을 이용한다.
③ 유량누가곡선의 경사가 급하면 홍수가 드물고 지하수의 하천방출이 크다.
④ 합리식은 어떤 배수영역에 발생한 강우강도와 첨두유량 간 관계를 나타낸다.

풀이 유량누가곡선의 경사가 급하면 유량의 증가가 연속적으로 이루어진다.

정답 ③

| 편저자소개 |

김민환

호남대학교 토목환경공학과 교수

토목기사 · 산업기사를 위한

A⁺ 수리 · 수문학 문제해설

1판 1쇄 발행 2021년 3월 2일

편저자 김민환
발행인 서철종
발행처 도서출판 지우북스
주소 경기도 파주시 문발로 115 세종출판벤처타운 209호
전화 031-915-6670(代)
팩스 031-915-6671
이메일 jwbooks@nate.com
홈페이지 www.jwbooks.co.kr
출판등록 제406-251002017-000032호
ISBN 979-11-88673-74-2 93530

정가 15,000원